AF403106

EXPÉRIENCES PUBLIQUES

SUR LE

MAGNÉTISME ANIMAL;

FAITES A L'HOTEL-DIEU DE PARIS,

PAR J. DUPOTET,

TROISIÈME ÉDITION,

AUGMENTÉE

De nouveaux Détails sur la personne qui avait été l'objet de ces Expériences ; et d'un Précis des nouvelles Observations sur le Magnétisme faites dans plusieurs hôpitaux de Paris ;

ET SUIVIE

DES DERNIÈRES DÉLIBÉRATIONS

DE L'ACADÉMIE DE MÉDECINE,

SUR LA QUESTION DU MAGNÉTISME.

PRIX : 3 francs.

PARIS,

CHEZ
BECHET, Libraire, place de l'Ecole-de-Médecine ;
DENTU, Libraire, Palais-Royal, galerie de Bois ;
L'AUTEUR, place de l'Ecole, n° 1, près le Pont-Neuf.

MARS 1826.

EXPLICATIONS PUBLIQUES

SUR LES

MACHINE À VAPEUR,

FAITES À L'ÉCOLE-LOUIS DE PARIS ;

PAR L. DUPUIS,

TROISIÈME ÉDITION.

A. PIHAN DELAFOREST,

Imprimeur de Monsieur le Dauphin et de la Cour de Cassation,

RUE DES NOYERS, N° 37.

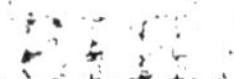

AVERTISSEMENT

SUR CETTE NOUVELLE ÉDITION.

En réunissant dans un même volume les délibérations de l'Académie de Médecine sur la question du Magnétisme, et les expériences faites à l'Hôtel-Dieu et dans plusieurs hospices, nous présentons à la fois le problème et la solution. On demande si le Magnétisme est quelque chose, et comment on peut l'étudier; nous prouvons qu'il existe, nous montrons ce qu'il est, au moyen d'expériences faites devant un grand nombre de médecins, de membres de l'Académie de Médecine, ou exécutées par des médecins mêmes.

La lecture de nos Expériences offrira d'ailleurs l'explication de plusieurs passages, soit du Rapport de M. Husson, soit des discours prononcés à l'Académie, soit des ouvrages publiés depuis cinq ans sur le Magnétisme, par MM. Deleuze, Rostan, Georget, et par plusieurs savans étrangers (1), passages dans les-

---

(1) L'*Exposé des Expériences de l'Hôtel-Dieu* (titre de la première édition) a été traduit en allemand par M. Nordhof, et publié, avec notes, par M. D. G. Kieser, conseiller et

quels les expériences faites par nous sont citées ou appelées en témoignage.

La rapidité avec laquelle s'est écoulée la deuxième édition de cette brochure (publiée en janvier 1826), le nombre des ouvrages sur le Magnétisme qui viennent d'être publiés ou qui se préparent (1), prouvent assez quelle impulsion les discussions solennelles de l'Académie ont donnée aux esprits, et avec combien de soin on se livre enfin à l'étude de faits que l'on avait trop long-temps dédaignés.

professeur à Iéna ; *Leipsig*, 1822. Il a aussi été traduit deux fois en italien ; mais ces traductions ne nous sont pas parvenues.

(1) M. Amédée Dupau vient de publier des *Lettres physiologiques et morales sur le Magnétisme*, M. Bertrand vient de recueillir sous ce titre : *Du Magnétisme en France*, les jugemens des sociétés savantes sur cette matière ; un de nos amis fait imprimer un *Recueil alphabétique des Cures principales opérées en France par le Magnétisme*, etc. (Chez DENTU, au Palais-Royal, galerie de Bois.)

EXPÉRIENCES

MAGNÉTISME ANIMAL,

FAITES A L'HOTEL-DIEU DE PARIS.

LES faits que je vais rapporter se sont passés dans un des établissemens publics les plus connus, à l'Hôtel-Dieu de Paris, sous les yeux et d'après l'invitation du médecin en chef de cet hospice, M. Husson, devant un grand nombre de médecins et étudians en médecine, capables de les apprécier ; ils ont été constamment rédigés, à mesure qu'ils se passaient, par M. Husson lui-même, et la relation que nous en publions n'est que le relevé littéral des procès-verbaux tenus par lui et signés, chaque fois, de tous les assistans.

Nous espérons donc que ces faits auront, aux yeux d'un grand nombre de personnes éclairées, une importance que n'ont pas eue jusqu'à présent la plupart des relations de ce genre, qui, tout en offrant des phénomènes souvent plus curieux et plus intéressans, man-

1

quaient du caractère de publicité, et par conséquent d'authenticité qui se rencontrent ici, et n'avaient pas été soumises à l'examen rigoureux de personnes éclairées et compétentes, ainsi qu'à toutes les épreuves de l'incrédulité la plus obstinée.

Si cependant, après la lecture de ce qui va suivre, on conservait encore quelque doute, si l'on pouvait croire que pour donner quelque crédit à une fable, nous nous fussions plu à nommer et à compromettre des personnes connues par leurs lumières, nous prévenons que les procès - verbaux des expériences, écrits, comme nous l'avons dit, de la main de M. Husson, et signés des assistans, ont été déposés chez M. Dubois, notaire, rue Saint-Marc - Feydeau, où chacun peut aller les consulter.

Ce qui d'ailleurs pourra éviter cette peine à ceux de nos lecteurs qui ne pourraient ou ne voudraient pas la prendre, et ce qui sera un sûr garant de notre véracité, c'est que, depuis cinq ans que cette relation a été publiée pour la première fois, aucune des personnes qui y sont citées n'a élevé aucune réclamation; bien plus, plusieurs l'ont rappelée avec éloge, pour appuyer des expériences nouvelles.

Le 20 octobre 1820, plusieurs médecins et étudians en médecine de l'Hôtel-Dieu de Paris, ayant eu occasion d'entendre parler d'une cure inespérée opérée par le magnétisme (1),

---

(1) Il s'agissait d'une *névralgie sciatique*, rebelle jusque-là à tous les moyens thérapeutiques ordinaires, et dont le magnétisme avait opéré la guérison en peu de temps. M. Desprez, docteur-médecin estimé, venait de rendre compte de ce fait à la Société de Médecine pratique de Paris. Le même M. Desprez a encore adressé à la Société de Médecine pratique de Paris l'observation d'un vomissement qui, par la violence et les accidens qui l'accompagnaient, pouvait être considéré comme un *cholera-chronique*. M. Moreau, docteur-médecin, malgré l'emploi des moyens les mieux indiqués, n'avait obtenu que des trèves de courte durée. L'opium, porté à des doses énormes, était presque sans effet. Consulté par les parens, M. Desprez n'avait eu qu'à approuver le traitement suivi, ne voyant rien de nouveau à tenter ; il fut cependant d'avis d'appeler M. Fouquier. Ce sage praticien jugea sans remède une maladie dont rien n'avait pu calmer la violence, et tous trois désespéraient des jours du malade, dont la faiblesse était si grande, que chaque crise semblait devoir l'emporter. Alors seulement, M. Desprez proposa le magnétisme, sans répondre de son effet, persuadé que, dans un cas désespéré, *satius est anceps quàm nullum experiri remedium.* Ses confrères approuvèrent cette tentative ; M. Fouquier

prièrent M. Husson, l'un des médecins en chef
de l'hospice, de permettre que l'on essayât
l'emploi de ce moyen sur quelques malades de
l'hôpital, sur lesquels on aurait infructueusement épuisé toutes les ressources de l'art.
D'après l'adhésion formelle de M. Husson,
M. Breheret, docteur-médecin, se chargea de
de demander à M. Desprez l'adresse d'une personne habituée à magnétiser, afin qu'on l'invi-
tât à faire des expériences sous les auspices de
M. Husson, et devant plusieurs observateurs,
réunis à l'Hôtel-Dieu.

----

parut content d'avoir une occasion de s'éclairer sur un
agent dont on parle si diversement : le malade fut abandonné à la direction de M. Desprez, qui le fit magnétiser par la personne qui portait le plus d'intérêt au
malade, sa propre femme. Mais, se défiant de ses notions sur le moyen employé, il fit à M. Deleuze la prière
de l'aider de ses lumières et de son expérience. Le Nestor
du magnétisme y mit tout l'empressement qu'on devait
attendre de sa philantropie. Les vomissemens cessèrent
comme par enchantement ; le lendemain, le malade
prit du bouillon ; le surlendemain, il digéra des potages,
puis tout ce qu'on lui présenta ; huit jours ne s'étaient
pas écoulés, qu'il se promenait : sa guérison a été complète. Il est maintenant chargé de la garde du monument
de Louis XIII, à la place Royale.

Le 25, M. Desprez qui savait que depuis plusieurs années je me livrais à l'étude et à la pratique du magnétisme, et qui, après avoir éprouvé lui-même d'heureux effets de mon action, m'avait vu souvent réussir sur des malades qu'il m'avait adressés, vint m'engager à me rendre au vœu de ses confrères.

Je ne me dissimulai point les inconvéniens qui pourraient résulter pour moi d'une telle condescendance. Je devais craindre d'attirer sur moi les sarcasmes et les insultes, et même de me voir arrêté dès le début par le ridicule et le mépris dans la carrière que je voulais parcourir. Cependant, encouragé par les succès que j'avais obtenus de l'application du magnétisme dans beaucoup de circonstances, animé d'ailleurs par le vif desir de faire enfin triompher la vérité et d'offrir à l'observation de personnes éclairées, et surtout de médecins, des phénomènes importans que les savans n'avaient pas même daigné examiner jusque là, je ne balançai plus à me dévouer à la démonstration de faits dont la connaissance peut être d'un si grand secours pour le soulagement des maux qui accablent la triste humanité.

J'allai donc me présenter chez M. Robouam, docteur-médecin, alors interne de M. Husson.

Il ne put s'empêcher, tout en m'accueillant très obligeamment, de sourire au nom de *magnétiseur*, sous lequel je m'annonçais près de lui ; mais il me donna rendez-vous, pour le lendemain, à la visite de son chef.

Le 26 octobre, je me rendis à l'Hôtel-Dieu. M. Husson me reçut avec bienveillance, me proposa de faire des expériences magnétiques dans les salles qu'il dirigeait, à la condition toutefois qu'elles auraient lieu sur des malades de son choix, devant les témoins qu'il jugerait convenable d'admettre, et que je ferais les questions qui me seraient indiquées.

Ces réserves, imposées par le même homme qui avait mis tant de méfiance et de circonspection dans les essais faits, vingt ans auparavant, pour s'assurer de l'effet anti-variolique de la vaccine, et de qui on ne peut mettre en doute ni la probité, ni la perspicacité, ont été scrupuleusement respectées. Je ne puis trop lui témoigner ma reconnaissance pour sa bonté envers moi, sa patience et sa constante attention dans l'observation des phénomènes magnétiques que j'ai obtenus pendant le cours des séances que je vais rapporter.

Je demandai seulement, de mon côté, à magnétiser les malades désignés, dans une chambre particulière, et toujours en présence des personnes qui devaient assister aux séances. M. Husson prit donc à son choix deux personnes, entre quatre malades, qui étaient également atteintes de vomissemens, et les amena dans la chambre de *la Mère-Religieuse*. Ces malades, ignorant ce qu'on voulait leur faire, et redoutant quelque opération douloureuse, ne vinrent pas sans une inquiétude qui ne fit que s'accroître, lorsqu'elles se virent placées au milieu d'une assemblée assez nombreuse. Nous fûmes obligés de nous occuper d'abord à les rassurer et à ramener leur confiance, sans leur dire cependant ce dont il s'agissait.

Les malades étaient :

1°. Une nommée Catherine Samson, âgée d'environ dix-huit ans ;

2°. Une nommée Barillière, âgée de trente-cinq ans.

Il convient, avant de parler des séances magnétiques, que je donne des détails sur l'état de la fille Samson, la seule sur laquelle les expériences se sont prolongées.

Voici le relevé des observations que M. Robouam avait recueillies touchant la maladie de cette jeune personne, les symptômes qui avaient précédé, et les remèdes qui ont été administrés.

« Mademoiselle Samson, domestique, âgée de dix-sept ans et demi, entrée à l'Hôtel-Dieu le 4 mai 1820;

« D'une assez bonne constitution, d'un tempérament lymphatique-nerveux; elle avait été bien réglée et avait joui d'une bonne santé jusqu'au mois de février 1819, époque où elle fut exposée à une grande frayeur et où elle essuya aussi une averse très forte qui supprima les menstrues coulant alors. Le lendemain, elle fut prise de céphalalgie, de fièvre, de douleurs d'estomac, et les substances ingérées furent vomies. On la traita par les antispasmodiques qui n'apportèrent aucun soulagement; les vomissemens continuèrent, ainsi que la fièvre et la douleur à l'épigastre, que la moindre pression augmentait.

« Après trois semaines de souffrances, elle entra à l'hôpital Beaujon, où elle passa six semaines; on appliqua d'abord des sangsues à l'épigastre; on administra la tisane de rue; la douleur fut diminuée; un vésicatoire et de nouvelles sangsues furent employés sur la même partie. On s'aperçut alors que les saignées réussissaient le mieux. Des pédiluves

excitans, des bains de siége rappelèrent les règles qui coulèrent aussi abondamment que de
coutume ; les douleurs diminuèrent, mais la
malade vomissait toujours tout ce qu'elle pre-
nait, même la tisane. Les potions antispasmodiques et les pilules d'opium qu'on donnait
pour calmer l'agitation nocturne, tous les alimens épicés, ou difficiles à digérer, et le vin
augmentaient ses douleurs. La malade sortit
enfin soulagée, mais les vomissemens conti-
nuaient. Quarante jours ne s'étaient pas écoulés depuis ce traitement, que les douleurs augmentèrent et la forcèrent à garder le lit ; la fièvre était forte, la soif intense ; la boisson était
aussitôt rejetée qu'ingérée ; la nuit elle éprouvait des sueurs abondantes. La fille Samson entra alors à l'hôpital de la Charité.

« Là, on commença par lui faire une saignée de bras, qui la soulagea un peu, mais il
survint un vomissement de sang. (Elle rapporte
avoir vomi, le jour même de son entrée, une
grande quantité de matière brunâtre qu'on lui
dit être du sang.) Elle toussait beaucoup, elle
éprouvait des palpitations plus fortes que celles
qu'elle avait senties antérieurement. On employa à l'épigastre un vésicatoire que l'on avait
fait précéder d'une application de sangsues,

trois fois répétée ; on fit aussi deux autres saignées de bras : on avait encore usé de sina-
pismes à l'épigastre ; ces moyens avaient fait di-
minuer la douleur, sans suspendre les vomissemens dont la nature était ou des alimens
seulement, ou du sang, sans mélange d'aucun
aliment. Un nouveau vésicatoire fut appliqué
à l'épigastre, il suppura. Les vomissemens de
sang, puis d'alimens, cessèrent pendant trois
semaines, et la malade put prendre toute espèce
de nourriture. Malgré les pédivules irritans et
les bains de siége, les règles n'avaient pas reparu. Cependant la malade put manger le quart
de portion, et bientôt elle sortit, ne sentant
plus que des douleurs légères à l'estomac et
quelques palpitations, auxquelles se joignoit,
par fois, de la toux.

« Peu de jours après, les vomissemens recommencèrent et ont continué depuis. Au bout
de trois semaines de séjour chez ses parens,
on lui donna de la tisane d'armoise et du vin
d'absinthe ; les règles reprirent leur cours,
mais en très-petite quantité ; les vomissemens
furent un peu diminués, le premier jour seulement de l'écoulement ; mais, ils devinrent
aussi fréquens que par le passé. La malade
éprouvait, de même, une constipation opiniâ-

tre; elle avait tous les soirs beaucoup de fièvre, et, chaque fois qu'elle vomissait, elle se sentait un peu soulagée. Un jour elle voulut frotter, aussitôt elle tomba; dès-lors les vomissemens de sang recommencèrent, tous les autres symptômes s'exaspérèrent, et, après huit jours passés si péniblement, elle fut obligée de venir chercher des secours à l'Hôtel-Dieu.

« Tel était son état : elle vomissait abondamment du sang; elle souffrait beaucoup dans la région épigastrique; la langue était molle, rouge aux bords et à la pointe, blanche au centre; la malade n'avait pas d'appétit; elle vomissait toutes les substances qui étaient introduites dans l'estomac; elle avait, par fois, des palpitations violentes; la peau était humide, les chairs molles, l'embonpoint assez grand; le pouls fréquent, régulier, assez développé; les facultés intellectuelles et sensitives étaient saines.

« On employa une saignée de pied, deux saignées de bras et cent cinquante sangsues, en quinze jours; on lui donna des boissons à la glace : alors les vomissemens de sang et les palpitations, seulement, furent suspendus pendant huit jours; mais elle continua à vomir les substances ingérées. Tous les soirs il y eut paroxisme manifeste : le vingt-troisième jour avant l'époque mensuelle, les règles marquèrent très légèrement. Mais, malgré l'application de nouvelles sangsues, les pédiluves irritans, les bains de siége chauds, les accidens reparurent, comme précédemment, et les menstrues ne furent point rappelées; elles ont cependant toujours marqué un peu, à chaque époque, et toutes les fois les accidens augmentés ont été calmés par les saignées et les sangsues.

« Après deux mois et demi de cet état, la fille Samson fut prise d'attaques violentes d'hystérie qui revenaient tous les jours deux et trois fois; elles durèrent six semaines. A dater de leur apparition, les vomissemens de sang cessèrent, mais les palpitations et la toux augmentèrent : on donna l'assa-fœtida en lave-mens; on administra les bains froids et les af-fusions froides sur la tête. La tisane de tilleul-orange et le lait sont rejetés en grande partie; on applique successivement trois vésicatoires sur l'épigastre, et une amélioration momenta-née se déclare chaque fois. Enfin, peu à peu, les attaques d'hystérie cessent, ainsi que les palpitations, mais les vomissemens continuent.

« Dans le mois suivant, on a appliqué trois ventouses scarifiées et deux vésicatoires, sans autre succès qu'un soulagement éphémère. On donna, en même temps, la potion anti-émétique de Rivière et un grain d'opium; ils étaient aussitôt vomis qu'introduits dans l'es-tomac. On eut recours à la compression sur le ventre, au moyen d'un corset, et l'on mit la malade à une diète sévère : elle fut soulagée un peu pendant les six premiers jours; ensuite les accidens continuèrent comme précédemment.

« Enfin, M. Husson, qui vint remplacer M. Récamier dans le service, priva cette infortunée, pendant dix jours, de toute espèce de boisson et d'alimens; elle n'éprouva, de ce traitement, qu'un soulagement léger et très fugitif. »

Le 26 octobre, jour où j'ai vu cette malade pour la première fois, elle était dans l'état suivant :

Langue rouge à ses bords, molle et blanche au centre; inappétence, soif vive, douleur violente dans la région épigastrique; vomissement de toutes les substances; ventre souple, libre; respiration aisée, son du thorax naturel, perméabilité des poumons parfaite; urines un peu colorées; peau molle, chairs molles, maigreur assez considérable, pouls fréquent, assez large ; paroxisme tous les soirs ; faiblesse très grande, impossibilité de marcher seule. La malade gardait le lit depuis deux mois : tout annonçait chez elle une mort prochaine, et les médecins qui la soignaient ne se dissimulaient plus, désormais, l'inutilité de tout remède. M. Robouam, qui avait particulièrement suivi son traitement, assurait qu'elle ne vivrait pas plus de huit jours, et pensait qu'à l'ouverture du corps, on lui trouverait l'artère stomachique perforée, etc.

PREMIÈRE SÉANCE.

26 octobre 1820.

J'ai dit que les deux personnes choisies pour les expériences magnétiques étaient arrivées dans la chambre de la Mère. La D^{lle} Samson était tellement faible, qu'on avait été obligé de la porter sur un brancard. On les fit asseoir en face l'une de l'autre, et l'on m'invita, après qu'elles furent parfaitement tranquillisées, à les magnétiser comme il me semblerait convenable.

MM. Husson, Breheret, Rossen, Bricheteau,

Patissier, de Lens, Kergaradec, Rougier, Robouam, et plusieurs autres médecins se trouvaient présens à cette première séance. M. Husson s'était muni d'une montre à secondes, et tenait la plume, afin d'écrire au fur et à mesure, comme il l'a fait à toutes les séances subséquentes, le procès-verbal de ce qui allait se passer.

Je magnétisai, pendant 25 à 30 minutes, la demoiselle Samson, la première, sans la toucher, et en passant seulement mes mains devant elle; elle n'éprouva d'autre effet que quelques légers picotemens aux paupières.

J'employai le même temps à magnétiser ensuite la dame Barillière : celle-ci ressentit des effets marqués, tels qu'une violente céphalalgie, une pesanteur très gênante à l'épigastre ; la facese colora un peu.

Cette première séance ne donna pas d'autres résultats.

Les malades ignoraient absolument ce que c'était que le magnétisme, et ce nom même leur était inconnu ; aussi l'on s'abstint, pendant quatre séances, de le prononcer devant elles, comme aussi de raisonner sur les effets observés.

Elles montrèrent assez d'étonnement de ce

qui leur arrivait par suite des nouveaux et simples procédés que j'employais silencieusement à leur égard.

II° SÉANCE.

27 octobre.

En arrivant le matin à l'Hôtel-Dieu, plusieurs des spectateurs de la séance de la veille, vinrent me prévenir *que la demoiselle Samson n'avait pas vomi depuis l'instant où elle avait été magnétisée, mais qu'il ne fallait pas crier au miracle pour cela.* Je leur répondis que je ne croyais point que le magnétisme pût guérir aussi promptement de telles affections, mais que la suspension était d'un heureux augure pour la suite du traitement.

On introduisit les deux malades dans la même salle de réunion.

La D° Barillière n'avait trouvé aucun changement dans son état, quoiqu'elle eût éprouvé, dans la séance précédente, des effets plus marqués.

La D^lle Samson s'applaudit, de son côté, de n'avoir pas vomi, sans qu'elle se doutât que mon action magnétique pût en être la cause.

Les deux malades furent magnétisées de nouveau, chacune environ une demi-heure. Je ne fis naître cette fois chez la première, qu'une sensation assez faible ; la seconde dut à mon action de la pesanteur à l'épigastre et à la tête, avec un peu de malaise général.

IIIe SÉANCE,

28 octobre.

Le vomissement habituel de la Dlle Samson avait encore été suspendu ; je la magnétisai ce jour trois quarts d'heure, et, pendant ce temps, elle *tomba en somnambulisme*.

Dès lors, comme il s'agissait d'expériences laborieuses à suivre, j'ai cessé de magnétiser l'autre malade. Le mouvement de charité qu'elles avaient si naturellement excité en moi toutes les deux ne s'était cependant éteint pour aucune d'elles ; mais il fallait profiter de l'état favorable qui venait de se développer chez la Dlle Samson, et je me vis forcé par cette circonstance, quoique à regret, de concentrer sur celle-ci toute mon action magnétique, à l'effet de la pousser rapidement à

l'état le plus profond possible de somnambulisme.

Ayant continué de la magnétiser plus éner-
giquement, je lui adressai quelques paroles
qu'elle parut ne pas entendre, puisqu'elle ne
fit aucun signe, même du desir de me répondre.
Je la laissai pendant trois quarts d'heure dans
cet état, et j'eus beaucoup de peine à l'en faire
sortir. Le sommeil ne s'étant pas assez prolongé pour que la crise magnétique fût complète, et ayant été interrompu brusquement,
la malade resta dans un état de somnolence,
et on fut obligé de la porter dans son lit, où
elle dormit du sommeil naturel plusieurs heures
de suite. On s'aperçut dès ce moment d'une
légère amélioration dans son état ordinaire de
souffrance.

IVe SÉANCE.

29 octobre.

La malade, endormie au bout de trente minutes de magnétisation soutenue, donna les
mêmes signes de sommeil magnétique que la
veille, et les mêmes conséquences s'ensuivi-

rent, sans qu'il y ait rien de plus remarquable
à citer ici.

Ve SÉANCE.

3o octobre.

Le sommeil somnambulique se manifesta en
quinze minutes ; je fis de nouveau quelques
questions, et la malade commença à les entendre et à y répondre ; mais ce ne fut d'abord
que par monosyllabes peu intelligibles ; j'aver-
tis les spectateurs, très empressés de recueillir
ses premières paroles, que cet embarras dans la
faculté de parler arrivait souvent ; qu'en se hâ-
tant de le vaincre, on s'exposait à faire beaucoup de mal au sujet, et à troubler peut-être
tout-à-fait la disposition préparée. J'eus la même
peine à la réveiller que les jours précédens ; les
suites furent encore semblables.

VIe SÉANCE.

3i octobre.

La séance prit plus d'intérêt ; la malade, endormie en quinze minutes, répondit, peu de momens après, à mes questions avec beaucoup de facilité.

D. Mademoiselle Samson, dormez-vous?

R. Oui, monsieur.

D. Combien de temps voulez-vous dormir?

R. Trois quarts d'heure.

Interrogée si elle entend quelqu'un parler ou faire du bruit autour d'elle, elle répond que non.

Alors plusieurs des spectateurs essayèrent de s'en faire entendre, en lui criant fortement aux oreilles, collectivement ou séparément. On frappa sur les meubles à coups de poing redoublés; on n'obtint d'elle absolument aucun signe d'audition.

Les trois quarts d'heure écoulés, je lui demandai s'il était temps de la réveiller; elle me répliqua que le temps était passé, ce qui, vérifié à la montre, se trouva juste. Je la réveillai, et l'on fut encore obligé, cette fois, de la porter dans son lit, où elle dormit peu.

VIIe SÉANCE.

1er novembre.

La D^{lle} Samson, arrivée dans la salle au milieu de la réunion ordinaire, déclare n'avoir pas envie de dormir du tout. Il est neuf heures vingt-quatre minutes ; à vingt-six minutes, elle est complètement endormie. Interrogée si elle dort, elle ne donne aucun signe d'audition ; trois minutes après je recommence la même question ; elle répond : oui.

D. Combien de temps voulez-vous dormir ?

R. Jusqu'au soir.

D. Pourquoi ?

R. Je n'ai pas dormi de la nuit.

D. Est-ce qu'en ne vous laissant pas dormir, votre guérison serait retardée ?

R. Oui, monsieur.

D. Voyez-vous votre mal ?

R. Non.

D. Quand le verrez vous ?

R. Je ne puis encore le dire.

D. Qu'est-ce qui empêche que vous ne le voyiez de suite ?

R. Parceque je ne le vois pas.

D. Faudra-t-il vous réveiller pour vous laisser reposer après ?

R. Mais non !

D. Si l'on ne vous éveillait pas cependant, qu'en arriverait-il ?

R. Rien.

D. Vous vous éveillerez donc toute seule?

R. Oui, à quatre heures.

D. Si l'on ne vous eût pas magnétisée, croyez-vous que vous eussiez été guérie?

Pas de réponse.

Même question, après quelque intervalle.

R. Non, monsieur.

D. Pouvez-vous assigner l'époque de votre guérison?

R. Je ne puis pas dire cela.

D. Pourquoi ne répondez-vous pas à ces messieurs, quand ils vous parlent?

R. C'est que je ne les entends pas.

D. Comment se fait-il que vous m'entendiez, moi ?

R. Parceque vous me guérissez, vous !

Je lui parle à plusieurs reprises, de très loin et à voix basse, elle m'entend parfaitement et répond juste à mes questions. Plusieurs des assistans lui en adressent en même temps que moi, essayant de contrefaire ma voix et lui parlant de tout ce qui peut l'intéresser, elle ne les entend pas. On recommence à faire du bruit de toutes les manières; elle reste impassible, complètement isolée de tout ce qui ne vient pas de moi seul. Enfin je la réveille, et elle peut retourner, sans aucune aide, à son lit; ce qu'elle n'avait encore pu faire jusque là.

Je préviens que je conserve littéralement la demande et la réponse citées; mais que je supprime diverses questions oiseuses, ou des répétitions en d'autres termes, et les réponses qui en dépendent, parceque mon exactitude ne ferait qu'allonger la narration, sans rien ajouter de plus intéressant pour le lecteur.

VIIIe SÉANCE.

2 novembre.

A neuf heures seize minutes, la D^{lle} Samson, en arrivant et très éveillée, répond à la question qu'on lui fait, si elle n'a pas envie de dormir, qu'elle ne veut pas dormir.

A neuf heures vingt-une minutes, elle est endormie, sans que je l'aie touchée, ni que j'aie fait aucun geste que lui révèle mon intention.

J'avais annoncé, à l'avance, que je me con-
duirais ainsi, que j'agirais par ma seule volonté.

On me prévient qu'elle a vomi la veille.

D. Qui vous a endormie?

R. C'est vous.

D. Pourquoi avez-vous vomi hier?

R. C'est parcequ'on m'a donné du bouillon
froid.

D. A quelle heure avez-vous vomi?

R. A quatre heures.

D. Avez-vous mangé après?

R. Oui, monsieur, et je n'ai pas vomi ce que
j'ai pris.

D. Quel accident vous a rendue malade,
pour la première fois?

R. Parceque j'ai eu froid.

D. Y a-t-il long-temps?

R. Un an passé.

D. N'avez-vous pas fait une chute?

R. Oui, monsieur.

D. Dans cette chute avez-vous porté sur
l'estomac?

R. Non, je suis tombée à la renverse.

D. Croyez-vous que cet accident ait contribué à votre mal?

R. Oui, certainement.

D. Pouvez-vous dire l'état actuel de votre estomac?

R. Il me fait bien mal.

D. Pouvez-vous voir cet état?

R. Non, monsieur.

D. Pensez-vous toujours que le magnétisme vous guérira?

R. Oui, bien certainement.

D. Combien de temps faudra-t-il vous magnétiser pour vous guérir?

R. Ne vous inquiétez pas; quand je serai guérie, je vous le dirai.

D. Vous rappelez-vous avoir dit, ce matin, que vous ne parliez pas endormie, et pourtant vous parlez; pourquoi cette contradiction?

R. Je n'en sais rien.

D. Voyez-vous votre mal mieux qu'hier?

R. Non.

D. Vous aviez promis hier de dire, à quatre heures, quelque chose sur votre état?

R. Vous n'étiez pas là, monsieur, et comme il n'y a que vous à qui j'aie à faire, vous n'auriez pas voulu que je le dise à d'autres.

D. Si vous n'avez pas voulu le dire hier, dites-le maintenant. Y a-t-il trop de monde, cela vous gêne-t-il?

R. Mon Dieu, non; je serais contente qu'il

y eût ici mille médecins : ils s'instruiraient, ils en guériraient d'autres.

D. Trouvez-vous quelque remède pour vous guérir ?

R. Je l'ai trouvé et vous aussi ; continuez et je guérirai.

D. Vous croyez donc ne plus vomir ?

R. Certainement, Dieu merci : il y a assez long-temps que je vomis.

D. Le magnétisme est-il un puissant moyen de vous guérir ?

R. Oui, certainement, et pour moi et pour bien d'autres.

D. Connaissez-vous les autres remèdes qu'on eût pu employer ?

R. Non, monsieur.

D. Que vous a-t-on fait pour vous guérir ?

R. Sangsues, *éventouses,* et puis vésicatoires, saignées, bains ; enfin sangsues, cinq à six cents, vésicatoires, sept, dont quatre ici (en montrant du doigt l'épigastre), des potions, du musc, etc.

D. Vous a-t-on mis un corset ?

R. Oui, c'est M. Récamier et M. Robouam.

D. Quel en a été l'effet ?

R. J'ai moins vomi pendant quelques jours, mais cela est revenu de plus belle (après un mouvement d'impatience pour tant de questions).

D. Ce que nous faisons est pour convaincre ces messieurs de l'utilité du magnétisme. Etes-vous contente qu'ils en soient persuadés?

R. Certainement ! cela les instruit : quoi donc !

Je l'ai réveillée à dix heures vingt-deux minutes, sans la toucher et sans l'en prévenir, à l'avance, comme il est d'usage de le faire pendant la séance. La toux à laquelle elle est sujette a été entièrement suspendue, mais elle s'est renouvelée aussitôt après le réveil.

M. Husson a desiré être mis en rapport avec elle, pendant le cours de notre conversation, afin qu'il pût la questionner lui-même directement. La malade ne l'a pas entendu; elle n'a rien entendu non plus du bruit extrême que l'on faisait autour d'elle, et que l'on a recommencé avec une longue obstination, pour constater son isolement absolu; elle n'a pas entendu non plus les cloches de Notre-Dame qui nous étourdissaient.

IXe SÉANCE.

3 novembre.

Les maux sentis à l'estomac et à la tête sont plus forts aujourd'hui. La malade est endormie en deux minutes et demie, sans la toucher; ma main dirigée à deux pieds de distance d'elle.

On répète diverses questions faites précédemment; elle ne répond pas, elle ne le fait qu'aux suivantes :

D. Est-il vrai que depuis que l'on vous magnétise, vous souffriez davantage de la tête et de l'estomac?

R. Oui.

D. Comment avez-vous passé la journée de hier?

R. J'ai souffert des douleurs cruelles dans la tête et dans l'estomac.

D. Quelle en est la cause?

R. Je n'en sais rien.

D. Le magnétisme est-il assez puissant pour enlever le mal?

R. Oui.

D. Voyez-vous aujourd'hui quelle est la nature de votre mal?

R. Non, cela m'est impossible.

D. Qu'est-ce que la lucidité ?

R. C'est pour *dire plus juste.*

D. Je vais vous magnétiser dix minutes, pour soulager votre mal de tête.

R. Guérissez-moi bien de ma tête, *je ne vois presque pas clair.*

Elle demande à être réveillée au bout de trois quarts d'heure de séance ; ce que je fais, en essayant à diverses distances toujours plus éloignées. Eveillée, elle tousse et dit souffrir dans l'estomac.

Xe SÉANCE.

4 novembre.

Nous étions tous rendus dans la salle ordinaire de nos séances, la malade ne l'était pas encore. M. Husson me dit : Vous endormez la malade sans la toucher, et cela très promptement. Je voudrais que vous essayassiez d'obtenir le sommeil sans qu'elle vous vît et qu'elle fût prévenue de votre arrivée ici. Je lui répondis que j'avais agi ainsi plusieurs fois, pour m'assurer de l'existence d'un fluide, agent des phénomènes magnétiques, et pour juger de l'opinion qui veut attribuer ces effets extraordinaires à l'imagination seule ; j'ajoutai que je ne garantissais pas le succès, parceque l'action, à distance et à travers des corps intermédiaires, dépendait de la susceptibilité particulière de l'individu ; que cependant je me ferais un plaisir d'essayer ce qu'il desirait.

Nous convînmes d'un signal que je pourrais entendre, et M. Husson, qui tenait alors des ciseaux à la main, choisit le moment où il les jetterait sur la table. On m'offrit d'entrer dans un petit cabinet noir pratiqué dans la pièce, formé par une forte cloison en chêne, et dont la porte ferme solidement à clef. Malgré la gêne extrême que je devais éprouver dans cette espèce d'armoire, je ne balançai pas à m'y enfermer, ne voulant éluder aucune difficulté, ni laisser aucun doute aux hommes de bonne foi, ou aucun prétexte à la malveillance.

On fit venir la malade, on la plaça, le dos tourné à l'endroit qui me récelait, et à deux pieds de distance. On s'étonna avec elle de ce que je n'étais pas encore arrivé ; on conclut de ce retard que je ne viendrais peut-être pas, que c'était mal à moi de me faire ainsi attendre ; enfin, on donna à mon absence prétendue toutes les apparences de la vérité.

Au signal convenu, quoique je ne susse pas

où et à quelle distance était placée Mlle Samson, je commençai à magnétiser, en observant le plus profond silence et évitant de faire aucun mouvement qui pût avertir de ma présence. (Il était alors 9 heures 35 minutes.) Trois minutes après, elle était endormie; et, dès le commencement de la direction de ma volonté agissante, on la vit se frotter les yeux, faire des bâillemens et finir par tomber rapidement dans son sommeil magnétique ordinaire. J'insiste sur ce fait de l'action à distance, à travers un corps opaque, et sans être aperçu, parcequ'il n'avait été que peu observé jusque là, et parcequ'il me semble fournir la preuve la plus palpable d'une influence entièrement indépendante de l'imagination ou de toute autre disposition propre à l'individu sur lequel on opère.

Je desirais ardemment que la malade passât dans l'état parfait de somnambulisme clairvoyant. Je n'en voulais pas davantage pour la satisfaction de tous les assistans et la guérison de la malade; mais, la trop grande intensité des douleurs internes s'opposait probablement au développement de la faculté attendue.

Tels étaient les vœux que je formais dans ma retraite, quand on vint m'en tirer. Je commençai les interrogations ordinaires.

D. Mademoiselle Samson, dormez-vous?

R. Oui, monsieur.

D. Etes-vous mieux que hier?

R. Oui, je n'ai pas mal à la tête, du tout.

D. Vous voyez que nous sommes beaucoup de monde ici, en êtes-vous contente?

R. Oui; seulement quand j'entre et que je vois tant de monde, tous mes sens entrent en révolution.

D. Croyez-vous toujours que le magnétisme vous guérira?

R. Oui, monsieur.

D. Croyez-vous toujours devenir lucide.

R. Oui, monsieur, certainement.

D. Qu'entendez-vous par être lucide?

R. J'entends que j'entendrai mieux ce que vous me direz, et que je verrai mieux mon état.

D. Y a-t-il trois quarts d'heure que vous dormez? (Il est 10 heures 20 minutes.)

R. Pas encore tout-à-fait.

M. Robouam la touche.

D. Connaissez-vous celui qui vous touche?

R. Non, monsieur.

Il la pince fortement sur le dos de la main, en employant les ongles; elle n'en sent rien. Je la touche, mais légèrement; elle me sent parfaitement.

Je rentre ensuite dans le cabinet et je réveille la malade en moins d'une minute.

A son réveil, elle éprouva des convulsions assez fortes, suite de ce qui lui avait été fait par une main non mise en rapport avec elle. Je me présente alors comme si je venais d'arriver ; je la magnétise et la calme bientôt.

XIe. SÉANCE.

5 novembre.

On m'enferme dans le cabinet, avant que la malade arrive ; on la fait asseoir comme la veille ; elle dit n'avoir aucune envie de dormir. J'entends le signal, à 9 heures 6 minutes ; aussitôt je la magnétise ; elle pousse quelques soupirs, porte la main à son front, tousse et s'endort, à 9 minutes et demie. M. Bricheteau la questionne, elle ne lui répond pas.

On m'ouvre la porte à 13 minutes.

D. Dormez-vous, mademoiselle Samson ?

R. Oui.

D. Qui vous a endormie ?

R. C'est vous.

D. Mais je n'étais pas là.

R. Je ne sais pas où vous étiez.

Les questions se succédèrent comme précédemment, sur son état, sur sa lucidité espérée ; elle s'obstine à dire qu'il ne lui faut, pour tout remède, que le magnétisme et des alimens bien légers, pour ne pas fatiguer son estomac ; elle s'ordonne son lait habituel et de la semoule pour le soir.

Il m'est annoncé qu'elle a vomi de nouveau la veille.

D. Pourquoi ne m'avez-vous pas dit que vous aviez vomi ?

R. C'est du vermicelle ; cela fût arrivé à tout le monde de vomir ce qui répugne. Elle ajoute : J'ai mangé de la viande, plus tard, et je ne l'ai pas vomie.

Je lui propose de l'eau magnétisée qu'elle consent à boire, et à laquelle elle ne trouve aucun goût particulier.

Pendant notre entretien, M. Bricheteau lance, de loin, avec vivacité, un bassin de cuivre qui passe très près d'elle et va frapper le carreau avec un son bruyant. On remarque quelque tressaillement dans les paupières de la malade, à peu près comme quand on agite fortement la main devant les yeux de quelqu'un qui dort du sommeil naturel. Je lui demande si elle a entendu du bruit; elle répond que non.

Avant de la réveiller à l'heure qu'elle a précisée, et dont j'avais toujours grand soin de m'informer à l'avance, je lui demande si, lorsqu'elle sera réveillée, elle se souviendra que je l'ai endormie. Non, répond-elle. Effectivement, réveillée du cabinet où j'étais rentré et d'où je ne suis pas sorti pendant qu'elle est restée dans la pièce, elle n'a pas même voulu croire qu'elle eût dormi.

Elle n'a indiqué pour le lendemain qu'un quart d'heure de sommeil.

***

XII.ᵉ SÉANCE.

6 novembre.

Il est neuf heures trente-quatre minutes. La Dᴵˡᵉ Samson me dit n'avoir pas envie de dormir; elle se plaint de palpitations, de douleurs au côté : je place une main sur un de ses genoux; elle soupire, incline la tête sur sa main gauche, le coude étant appuyé sur le bras du fauteuil, et s'endort. Il est trente-cinq minutes et demie.

D. Combien voulez-vous dormir, mademoiselle ?

R. Un quart d'heure.

D. Est-ce que vous êtes souffrante aujourd'hui ?

R. Oui, je souffre beaucoup au côté ; cela me gratte, me gratte !...

Je lui magnétise le côté ; elle m'invite à continuer, et dit éprouver un frémissement dans le ventre : après quelques instans, elle annonce ne plus souffrir.

Interrogée si elle me voit, elle répond que non, mais elle dit me sentir.

Elle est réveillée en trois quarts de minute.

***

XIIIe. SÉANCE.

7 novembre.

Lors de mon arrivée, à neuf heures et un quart, dans le lieu des séances, M. Husson vint me prévenir que M. Récamier desirait être présent et me voir endormir la malade à travers la cloison ; je m'empressai de consentir à ce qu'un témoin aussi recommandable fût admis sur-le-champ. M. Récamier entra et m'entretint, en particulier, de sa conviction touchant les phénomènes magnétiques. Nous convînmes d'un signal; je passai dans le cabinet où l'on m'enferma. On fait venir la D^{lle} Samson; M. Récamier la place à plus de six pieds de distance du cabinet, ce que je ne savais pas, et y tournant le dos. Il cause avec elle, la trouve mieux; on dit que je ne viendrai pas; elle veut absolument se retirer.

Au moment où M. Récamier lui demande *si elle digère la viande* (c'était le mot du signal convenu entre M. Récamier et moi), je me mets en action; il est neuf heures trente-deux minutes; elle s'endort à trente--cinq minutes. Trois minutes après, M. Récamier la touche, lui lève les paupières, la secoue par les mains, la questionne, la pince, frappe sur les meubles, pour faire le plus de bruit possible; il la pince, de nouveau, et de toute sa force, cinq fois; il recommence à la tourmenter assez violemment; il la soulève, à trois différentes reprises, et la laisse retomber sur son siége. La malade demeure absolument insensible à tant d'atteintes que je ne voyais qu'avec la plus grande peine, sachant que les sensations douloureuses qui n'étaient pas manifestées en ce moment se reproduiraient au réveil, et causeraient des convulsions toujours très difficiles à calmer.

Enfin, M. Husson et les assistans invitèrent M. Récamier à cesser des expériences devenues inutiles, la conviction commune sur l'état d'insensibilité de la malade au contact de tout ce qui m'était étranger, étant complète.

J'avais fait à celle-ci, pendant ces épreuves, diverses questions auxquelles elle avait répondu. M. Récamier y avait intercalé les siennes, sur lesquelles il l'avait vue constamment muette. Elle me dit n'avoir aucun mal à la tête, mais elle se plaignit de frémissement dans le côté, qui cependant ne lui faisait pas autant de mal aujourd'hui qu'hier.

Je rentre dans le cabinet, et le signal pour la réveiller ayant été donné à dix heures vingt-huit minutes, le réveil a lieu à trente minutes.

La toux est revenue aussitôt ; de très fortes convulsions, que j'ai eu beaucoup de peine à calmer, se sont manifestées; la malade a dit ressentir des picotemens, par plaques, au bras droit. C'étaient, en effet, les places où elle avait été pincée.

Je ne me serais pas douté que M. Récamier, après m'avoir abordé affectueusement; après m'avoir, de son propre mouvement, fait l'aveu formel de sa croyance au magnétisme ; après avoir fait lui-même sur la malade les expériences les plus concluantes, souvent même les plus inconvenantes et les plus dangereuses pour elle, pût ensuite, comme dépité de n'avoir pu me mettre en défaut, m'accuser publiquement d'avoir avec la D^lle Samson des intelligences relatives à tout ce qui se passait ; c'est cependant ce qui a eu lieu au grand étonnement et au grand scandale de tous les assistans, qui se sont empressés de me rendre une éclatante justice et de lui imposer silence. Il n'avait sans doute pas réfléchi que j'étais entouré de juges expérimentés et sévères, qui ne manquaient pas d'observer et la malade, dans ses actions journalières et nocturnes, et moi-même, dans toutes mes démarches à l'Hôtel-Dieu. Ma délicatesse avait dû prévoir cette conduite naturelle de la part du chef, protecteur des expériences, de même que des médecins qu'il s'était adjoints : aussi je m'étais scrupuleusement abstenu de parler à la malade en aucun autre lieu que dans la salle des séances, où encore je ne me suis jamais trouvé seul avec elle.

J'ai dit comment j'avais été sollicité de me prêter aux expériences que l'on désirait observer; comment le choix des malades, fait absolument sans mon concours, avait rendu la D^lle Samson et la femme Barillière les objets particuliers de ces expériences.

Or, ni M. Husson d'abord, ni moi-même ensuite, ne pouvions savoir si l'on obtiendrait facilement des deux malades, ou de l'une d'elles seulement une susceptibilité magnétique favorable aux observations projetées. D'un autre côté, je ne pouvais connaître cette pauvre fille, traitée successivement et long-temps dans trois hospices; enfin, depuis neuf mois qu'elle était à l'Hôtel-Dieu, mes études ne m'avaient pas encore conduit dans la salle où elle a son lit. Mais pourquoi entrerai-je ici dans une discussion que le jugement du lecteur prévient, d'après tout ce qui précède? Il suffit qu'il sache que M. Husson et les spectateurs habituels des séances m'ont vengé de toutes fausses inculpations, en prenant eux-mêmes ma défense ouvertement; en avouant qu'ils étaient satisfaits et de ma modération dans certains cas, et de ma bonne foi dans tous, et de la franchise avec laquelle je m'étais abandonné à tout ce que le pyrrhonisme avait pu exiger de ma complaisance.

Il ne me resta plus qu'une crainte, c'est que

le changement prochain de service, en éloignant M. Husson de l'Hôtel-Dieu, ne me laissât pas le temps de pousser la malade à un point de lucidité effectivement utile à son état fâcheux.

XIVe SÉANCE.

8 novembre.

La malade est endormie en trente secondes.

D. Comment vous trouvez-vous?

R. J'ai mal au côté.

D. (Je la magnétise.) Ressentez-vous du bien?

R. Oui, monsieur; ne vous fatiguez pas le bras.

D. Croyez-vous que le moment où vous devez être lucide approche?

R. Oui, monsieur.

D. Avez-vous mal autre part?

R. Toujours à l'estomac.

D. (Après avoir continué de la magnétiser au côté et sur l'estomac.) Comment vous trouvez-vous?

R. Je n'ai pas autant de mal que j'en avais. *C'est bien drôle, ce qui vient de se passer chez moi ; on aurait dit qu'il s'élevait un grand soleil devant mes yeux.*

D. Le voyez-vous toujours ?

R. Je le vois toujours ; c'est comme quand on sort d'une chambre obscure, et qu'on voit une grande clarté.

D. Croyez-vous que ce soit votre lucidité ?

R. Oui : oh ! je guérirai bien sûr.

D. Vous verrez donc bientôt à vous ordonner quelques médicamens ?

R. Oui ; et je guérirai bien sûr. Cela m'étonne, cette clarté.

D. N'avez-vous donc jamais vu cela ?

R. Non, monsieur, je ne l'avais pas encore vu.

D. Où vous frappe cette clarté ?

R. Dans les yeux. Oh ! cela m'étonne beaucoup.

D. Demain serez-vous plus lucide ?

R. Oui, monsieur ; — cela me surpasse l'imagination.

D. Vous êtes donc bien étonnée ?

R. Oui, monsieur ; je ne me suis jamais aperçue de cela.

D. Vous ne voyez rien à vous indiquer ?

R. Non : je ne vois que cette lumière ; elle est devenue si éclatante ! oh ! cela me *surpasse.*

D. Commencez-vous à voir votre mal?

R. Non, mais je le verrai demain.

D. Voyez-vous toujours la lumière?

R. Oui, elle existe toujours.

Elle demande à être réveillée, ce qui s'opère en une minute. Réveillée, elle dit être engourdie et souffrir du bras gauche et de l'épaule droite; la toux revient.

XVe SÉANCE.

9 novembre.

M. Bertrand, docteur médecin de la Faculté de Paris, avait assisté à la séance précédente. Il y avait dit qu'il ne trouvait pas extraordinaire que la magnétisée s'endormìt, le magnétiseur étant placé dans le cabinet; qu'il croyait que le concours particulier des mêmes circonstances environnantes opérerait, hors de ma présence, un semblable effet; que, du reste, la malade pouvait y être prédisposée naturellement : il proposa donc de faire l'expérience que je vais décrire.

Il s'agissait de faire venir la malade, à l'heure ordinaire, dans le même lieu, de la faire asseoir sur le même siége et à l'endroit habituel ; de tenir les mêmes discours à son égard et avec elle ; il lui semblait presque certain que le sommeil devait s'ensuivre. Je convins, en conséquence, de n'arriver qu'une demi-heure plus tard qu'à l'ordinaire. A neuf heures trois quarts, on commença à exécuter, vis-à-vis de la D^lle Samson, ce que l'on s'était promis ; on l'avait fait asseoir sur le fauteuil où elle était placée ordinairement, et dans la même position ; on lui fit diverses questions, puis on la laissa tranquille ; on simula les signaux employés précédemment, comme de jeter des ciseaux sur la table, et on fit enfin une répétition exacte de ce qui se passait ordinairement ; mais on attendit vainement l'état magnétique qu'on espérait produire chez la malade. Celle-ci se plaignit de son côté gauche, s'agita, se frotta le côté, changea de place, se trouvant incommodée par la chaleur du poële, et ne donna aucun signe du besoin de sommeil, ni naturel, ni magnétique.

Cependant, j'avouerai que le sommeil aurait pu avoir lieu sans que l'expérience de ces messieurs en fût plus concluante ; quiconque connait à fond le magnétisme sait que, quand le rapport est étroitement établi entre deux personnes, le magnétiseur peut agir sur son malade à de grandes distances et presque contre sa volonté, si par inadvertence il s'occupe trop fortement de lui. Connaissant ce danger, je fis tout ce qu'il me fut possible pour me distraire pendant les momens consacrés à l'expérience, ou du moins pour conserver la volonté de produire l'effet contraire à celui qu'on attendait. Aussi étais-je au supplice, craignant que l'excès même de la puissance magnétique ne fournît des armes contre elle.

Le délai expiré, je me rends à l'Hôtel-Dieu; j'entre à dix heures cinq minutes. La malade déclare n'avoir aucune envie de dormir; elle tousse, crache, se mouche. Je la magnétise : bientôt elle se frotte les yeux, tousse de nouveau, remue la tête, et se trouve endormie dans l'espace d'une minute et demie. Je la questionne à dix heures sept minutes, elle ne répond qu'une minute après.

D. Avez-vous toujours mal à la tête?

R. Oui, monsieur.

D. Vous occupez-vous à présent de votre mal?

R. Certainement, je m'en occupe, puisqu'il faut que je le voie.

D. Vous en occupez-vous toujours pour nous rendre compte de ce que vous voyez?

R. Oui : c'est tant drôle ! je ne sais pas ce que je vois, je vois presque clair ; je ne me suis jamais vue comme cela ; ah ! je suis prête à me trouver mal.

D. Pourquoi?

R. Je ne le sais pas.

(*Il est dix heures vingt-quatre minutes, je la magnétise à grands courans.*)

D. Cela vous soulage-t-il?

R. Oui, monsieur.

D. Et maintenant (une minute après), comment vous trouvez-vous?

R. Je suis bien en occupation.

D. Que voyez-vous donc?

R. Je vois mon estomac tout rouge, et des petits boutons, beaucoup, beaucoup !....

D. Où est votre estomac?

Elle montre la place avec la main.

D. Enfin ne voyez-vous que cela?

R. Je vois mon estomac tout rouge et plein de boutons rouges.

D. Verrez-vous mieux demain?

R. Oui, mais c'est si drôle ! si drôle !...

D. En quel endroit de l'estomac sont les boutons?

R. En dedans.

D. Il faut que vous nous aidiez à vous guérir.

R. Je le fais aussi.

Tous les assistans se lèvent et, formant un groupe entre moi et la malade, m'éloignent d'elle d'environ dix pieds ; ils font un grand bruit, en s'agitant en divers sens. Pendant ce mouvement, je répète à la malade, avec le ton de voix ordinaire : « Il faut que vous nous aidiez à vous guérir. » Elle ne répond pas. Je me rapproche d'elle ; que vous ai-je dit, tout-à-l'heure ?

R. Je ne vous ai pas entendu, moi !

Je repasse derrière le groupe et je demande, à voix basse, pendant qu'on renouvelle le bruit :

D. Avez-vous entendu ces messieurs?
Elle ne répond pas.

Le bruit cesse ; on se replace : alors je me rapproche d'elle et lui dis :

D. Comment se fait-il que vous ne m'entendiez pas quand je vous parle ?

R. J'ai entendu que vous avez dit : Cela serait possible. (Paroles qui étaient la fin d'une réponse à une réflexion des assistans.)

J'attribuai son silence à l'attention intime

qu'elle donnait à la découverte récente de son mal; mais il se pourrait que cet effet provînt du dérangement causé dans les vibrations de l'air, par les mouvemens en tous sens que faisaient les assistans. Ce serait d'ailleurs une expérience à répéter.

D. Voyez encore dans votre estomac.

R. J'y regarde, je vois bien ce qu'il y a; ô Dieu! je ne guérirai jamais de cela : que j'ai de chagrin !

D. Cherchez bien, regardez bien; dites à M. Husson ce que vous voyez?

R. Non, j'ai trop de chagrin; je suis dans un état abominable.

D. Aidez-nous; nous vous promettons de vous guérir.

R. Oh! réveillez-moi, car je me trouverais mal; autour de mon cœur ce n'est que du sang.

D. Non, non, je ne vous réveillerai pas.

R. Oh! si : c'est la cause de ce que mon cœur est en révolution.

D. Où est votre cœur? (Elle met la main sur la région précordiale.) Une larme échappe de son œil; elle finit par pleurer.

Je la réveille à dix heures cinquante-trois minutes et demie; aussitôt le réveil, la toux revient.

Après son départ, M. Bertrand propose encore une expérience qui, selon lui, serait décisive pour l'existence d'une puissance naturelle, occulte, agissant indépendamment de la participation du magnétisé, ou du secours de son imagination. Il s'agissait de venir un soir à l'Hôtel-Dieu, vers l'heure où tout est tranquille dans les salles, de s'assurer si la malade dormait; dans le cas contraire, je devais m'approcher à un lit d'intervalle, et la magnétiser en secret, à travers les trois rideaux qui se trouveraient tirés entre elle et moi. Je consentis volontiers à cette nouvelle expérience, ne desirant que procurer aux médecins les occasions de s'instruire.

On demanda à M. Husson si l'expérience pourrait avoir lieu le soir; il répondit que, voulant y assister, il indiquerait plus tard son jour.

XVIᵉ SÉANCE.

10 novembre.

La D^{lle} Samson, arrivée à neuf heures vingt-sept minutes, dit qu'elle ne veut pas dormir, mais que déja elle est morte de sommeil.

4

Elle est endormie en une demi-minute.

Elle répond aux questions premières, qu'elle souffre toujours beaucoup de l'estomac et ne peut se coucher sur le côté gauche qui lui fait grand mal. Je la magnétise; elle s'écrie : « *O*
« *Dieu! votre main me fait du bien pourtant!*
« *mais c'est que cela vous fatigue beaucoup;*
« *si vous me soulagez, et que je vous donne du*
« *mal après, la belle récompense!* »

D. Je mets tout l'empressement possible à vous soulager.

R. Oui, monsieur, je le vois bien; je ferai aussi tout ce que je pourrai pour vous seconder; mais c'est, dans mon estomac, tous ces petits boutons rouges! Il y en a plus d'un côté que de l'autre. Vous ne me dites rien.

D. J'attends que vous me décriviez ce que vous voyez.

R. Mais, mon Dieu, je vous le dis : c'est beaucoup de petits boutons; il y en a cinq plus gros que les autres, trois du côté du dos, deux adhérens dans le côté gauche. Je les vois.

D. Où sont situés les petits boutons?

R. Ils sont autour des gros, comme quand les enfans ont la petite vérole.

D. De quelle couleur?

R. Il y en a de blancs et beaucoup de rouges.

D. Que faut-il faire pour faire passer ces boutons?

R. C'est difficile : il y a si long-temps, depuis quatorze mois que je suis tombée!

D. Dites ce qui vous fait mal dans le côté?

R. C'est le sang, et pas autre chose : dans mon côté il y a une petite poche pleine de sang, auprès du cœur, et un fil si petit, si petit, qui fait battre mon cœur comme on sent. Touchez : je la vois, comme on la verrait dans un corps ouvert. C'est quand cette poche est pleine que je vomis le sang : ce qui m'est arrivé avant-hier.

D. Avez-vous vomi des alimens avec le sang?

R. Non, monsieur; il y a long-temps que le vomissement des alimens a cessé.

D. De quelle grosseur est la poche dont vous parlez?

R. Comme une noix, et la peau est toute fine.

D. Après d'autres questions sur l'eau magnétisée qu'elle avait demandée ayant grande soif : Que pensez-vous du n° 22? (c'est-à-dire d'une malade dont le lit est en face du sien, et que M. Robouam magnétisait).

R. Elle va bien, elle ne vomit plus du tout.

Elle avait déja demandé à être réveillée, elle insiste ; je la réveille.

Retour de la toux.

A cette séance étaient présens MM. Husson, Breheret, Le Roux, Sabatier, Rougier, Robouam, Bertrand, Kergaradec, etc.

Pendant le cours du sommeil magnétique, on l'avait pincée très fortement ; on lui avait passé une barbe de plume sous le nez, sur les lèvres, et à plusieurs reprises : elle ne donna aucune marque de sensibilité à ce genre de chatouillement, que l'on sait être insupportable.

Plusieurs de ces messieurs lui avaient dit fortement qu'elle s'amusait à tromper, que cette conduite était indigne, qu'elle jouait la comédie et qu'on allait la mettre à la porte ; on lui tint divers autres propos sur le même ton ; on parla en même temps que moi, en lui faisant d'autres questions ; on contrefit ensuite ma voix : on ne put obtenir de réponse d'elle ; aucune altération ne se fit remarquer dans ses traits.

Elle éprouva, après le réveil, des convulsions très vives, et l'on fut obligé de la conduire à son lit.

M. Husson annonça qu'il serait libre le soir,

pour l'expérience proposée par M. Bertrand, et l'on se donna rendez-vous, à six heures et demie, dans la place du parvis Notre-Dame.

XVIIe SÉANCE.

10 novembre, au soir.

J'arrivai à près de sept heures au lieu de réunion : nous montâmes tous ensemble à la salle Sainte-Agnès, où notre malade occupait le lit n° 34; on me fit placer, dans le plus grand silence, accompagné de deux de ces messieurs, entre les lits 35 et 36.

M. Husson, passant devant le lit de la D^{lle} Samson, va visiter une autre malade plus loin, à qui il dit tout haut : « C'est pour vous que je viens ce soir; vous m'avez inquiété à ma première visite, mais je vous trouve mieux : tranquillisez-vous, cela ira bien. » Il revient près du lit n° 34, et demande à Mlle Samson si elle dormait; celle-ci répond qu'elle n'a pas envie de dormir et qu'elle ne dort jamais de si bonne heure. Elle tousse. Il se retire et vient se placer à quelques lits de distance, de manière à être hors de vue de la malade, mais à portée d'observer ce qui allait se passer.

A sept heures précises, je magnétise la malade; à sept heures huit minutes, elle dit, en se parlant haut à elle-même : « C'est étonnant comme j'ai mal aux yeux, je tombe de sommeil. »

Deux minutes après, M. Husson passe auprès d'elle, lui adresse la parole : elle ne répond pas ; il la touche, et n'en obtient rien.

A sept heures onze minutes, nous nous approchons tous, et je lui fais les questions suivantes :

D. Mademoiselle Samson, dormez-vous ?

R. Oh ! mon Dieu, que vous êtes impatientant !

D. Comment vous trouvez-vous ?

R. J'ai mal dans l'estomac depuis tantôt.

D. Comment se fait-il que vous dormiez du sommeil magnétique ?

R. Je ne sais pas.

D. Saviez-vous que j'étais là ?

R. Non, monsieur.

D. Si on vous laissait dormir toute la nuit ?

R. Oh ! non, cela me ferait du mal.

D. A quelle heure vous réveilleriez-vous ?

R. Demain matin.

Je lui souhaite le bonsoir, et nous nous retirons tous ensemble.

M. Bertrand n'avait pas manqué d'assister à cette expérience, qu'il avait lui-même proposée. Le succès avait été complet; tout le monde était convaincu, et lui-même ne fit aucune difficulté de signer le procès-verbal qui en fut dressé. Comment donc se fait-il que dans ses écrits il ait nié l'existence d'un agent dont la réalité lui était démontrée, de son propre aveu, par cette expérience?

M. Husson revint à onze heures du soir, il trouva la D^{lle} Samson dans la pose où nous l'avions laissée. L'isolement est toujours complet, la respiration est dans le même état, telle qu'elle devenait toujours dans le sommeil magnétique, longue et élevée. La circulation est, dans ce cas, beaucoup augmentée et les inspirations diminuées en nombre. M. Robouam la visita deux fois pendant la nuit, la trouva toujours dans la même position. Il la fit surveiller; on n'aperçut aucun mouvement de toute la nuit. J'appris même que les personnes qui étaient chargées de la surveiller essayèrent tous les moyens de la réveiller, la secouèrent, lui chatouillèrent la plante des pieds, lui tirèrent et lui coupèrent les cheveux, sans pouvoir en aucune manière se faire sentir d'elle ni provoquer aucun mouvement. Elle ne s'é-veilla qu'entre six et sept heures du matin. Elle se plaignit beaucoup de mal dans les articulations : ce qui était l'effet des tourmens qu'on lui avait fait subir; mais elle n'avait aucune idée de ce qui s'était passé.

XVIIIe SÉANCE.

11 novembre.

La séance de ce jour ne commence qu'à neuf heures quarante-neuf minutes. La malade a froid, mal à la tête, dans les bras; elle dit qu'elle ne dormira pas aujourd'hui, puis bientôt elle baille, rit, tousse, soupire, veut résister à l'influence magnétique, en disant que l'on a beau faire. Elle se frotte les yeux malgré moi, tousse encore, éprouve du tremblement, et s'endort à cinquante-une minutes. Je l'interroge à dix heures seulement.

D. Comment avez-vous passé la nuit?

R. J'ai bien dormi.

D. N'avez-vous senti aucun mal depuis?

R. J'ai mal dans les bras.

Elle annonce qu'ayant dormi toute la nuit, elle ne veut pas rester long-temps dans ce nouveau sommeil. Alors on presse les questions sur son état. Je lui dis que M. Husson va quitter l'Hôtel-Dieu dans trois jours, et qu'il est important qu'elle l'éclaire définitivement; elle témoigne un vif regret de son changement. J'en prends l'occasion de stimuler sa lucidité par mes questions, et en renforçant ma volonté d'une action soutenue. Elle n'ajoute aucun éclaircissement sur sa maladie autre que ceux déja recueillis; mais elle promet de dire, le lendemain quelque chose qui sera bien intéressant, si toutefois on ne la contrarie pas.

Je la réveille après une demi-heure de sommeil; mais comme on l'a pincée et secouée encore pendant la séance, elle éprouve sur-le-champ des mouvemens convulsifs.

XIXe SÉANCE.

12 novembre.

Il est neuf heures vingt-neuf minutes. La D^{lle} Samson tousse, se frotte les yeux, s'impatiente, se plaint, regrette d'être venue; elle est endormie à neuf heures trente-une minutes.

D. Quel temps voulez-vous dormir ?

R. Trois quarts d'heure.

D. Vous savez que vous devez aujourd'hui nous donner des détails sur votre mal?

R. Oui ; j'en suis occupée beaucoup dans ce moment. Mais j'éprouve une pesanteur à l'estomac que je n'avais pas en entrant ; cela vient du lait que j'ai pris ce matin ; il me bout comme un pot au feu.

D. Dites donc votre état et le remède? M. Husson va s'en aller ; voilà vos trois quarts-d'heure qui s'écoulent rapidement.

R. Oh bien! ne me tourmentez donc pas. Les boutons sont toujours rouges, et mon lait me pèse sur l'estomac, parceque la poche de sang n'a plus la même direction. Il me faut, pour guérir, beaucoup d'adoucissans ; de la tisane de guimauve, préférable à celle de tilleul-orange, du looch, comme on en a donné au n° 27.

D. Voyez-vous plus clair aujourd'hui ?

R. Non, parceque j'ai été contrariée.

D. Qui vous a contrariée?

R. C'est vous.

Le temps de la réveiller arrive ; M. Husson essaie de le faire ; elle se réveille à moitié, et tombe en convulsions ; la toux revient. Enfin le sommeil ne la quitte tout-à-fait qu'après que je l'ai magnétisée, d'abord pour la rendormir, puis pour la réveiller ensuite moi-même.

XXe SÉANCE.

13 novembre.

Les mêmes difficultés de la part de la malade qu'aux deux séances précédentes ; les accidens habituels ont lieu ; elle incline sa tête dans la main gauche, pendant que je la magnétise, et s'endort en deux minutes.

D. Comment vous trouvez-vous aujourd'hui, mademoiselle ?

R. Bien.

D. Pourquoi avez-vous vomi hier ?

R. Ce sont les élancemens que j'ai éprouvés dans le côté et l'estomac qui en sont cause.

D. D'où viennent ces élancemens ?

R. Je me suis levée pour faire ma semoule ; j'ai eu des grattemens au cœur, et j'ai vomi de la bile.

D. Croyez-vous que cela retarde votre guérison ?

R. Non, monsieur.

D. Voyez-vous toujours vos boutons dans l'estomac ?

R. Il y en a un qui est plus gros que les autres, les petits sont toujours de même : oh ! je ne guérirai jamais.

D. Êtes-vous assez lucide pour qu'on s'en rapporte à vous ?

R. Certainement ! Je vois joliment clair aujourd'hui !

D. Que faut-il vous donner aujourd'hui ?

R. Ma tisane de guimauve, ma semoule et mon looch ; on ne me l'a pas donné hier.

Je la réveille : retour de la toux, soupirs et bâillemens.

XXIe SÉANCE.

14 novembre.

La D^{lle} Samson est endormie en trente secondes.

N'ayant pu obtenir d'éclaircissement plus étendu sur son estomac, sur la poche qu'elle disait voir à son cœur, et sur les remèdes nécessaires, les assistans renouvellent divers essais, pour combattre l'isolement de la malade et s'en faire entendre. On renverse les bancs avec fracas, on les frappe contre les armoires, choc qui rend le bruit plus éclatant. On lui dit jusqu'à des injures, on la tourmente de toutes les façons qu'on croit les plus propres à la troubler, on lui fait les insultes les plus sensibles pour une jeune fille : elle reste dans un état d'impassibilité absolue.

Ainsi, cette séance n'a eu rien qui la fît différer de plusieurs autres, que l'obstination dans les moyens employés toujours sans succès pour vaincre le sommeil magnétique, et y dérober tout-à-fait la malade.

XXIIe SÉANCE.

15 novembre.

La D^{lle} Samson arrive à neuf heures vingt-trois minutes ; elle tousse plus que de coutume, et dit que le pharmacien ne lui a pas donné son julep.

Je l'endors en une minute et demie.

D. Combien de temps voulez-vous dormir ?

R. Une demi-heure.

D. Avez-vous vomi hier ?

R. Non, monsieur.

D. Eh bien ! M. Husson vous voit pour la dernière fois aujourd'hui. Il faut que, pendant la demi-heure de sommeil que vous vous prescrivez, vous le satisfassiez.

R. O Dieu ! comme vous me tourmentez ! vous me poussez à boulet rouge. Si j'étais médecin comme vous, je vous dirais de suite ce qu'il me faut ; je vois bien mon mal ; et je ne puis vous dire encore ce qu'il me faut pour me guérir.

D. A-t-il changé ?

R. Oui ; j'ai du mal dans l'estomac, j'ai des boutons, ils sont rouges ; mon cœur n'est pas en révolution comme il y était, il s'en faut de beaucoup !

D. Et la fibre ?

R. Elle n'est plus dans la même direction, je vous l'ai dit l'autre jour.

D. N'avez-vous plus rien à me dire ?

R. Non, monsieur.

D. Avez-vous trouvé le remède ?

R. Non.

D. Le trouverez-vous quelque jour, enfin ?

R. Oui, certainement ! j'en suis très occupée.

Elle est réveillée en une demi-minute, soupire et tousse, comme aux autres séances.

XXIIIe. SÉANCE.

16 novembre.

Ici la scène change. M. Geoffroy reprend son service à l'Hôtel-Dieu ; M. Husson passe à l'hospice de la Pitié.

Je demandai à M. Geoffroy la permission de continuer les expériences magnétiques, pour répondre au vœu des spectateurs habituels, espérant d'ailleurs moi-même obtenir de plus amples renseignemens de la D^{lle} Samson sur sa maladie, et parvenir enfin, par ses révélations, à cimenter sa guérison ; il y consentit. Cette première séance se passa donc en sa présence, et en outre devant plusieurs autres médecins qui suivaient sa visite. On répéta les expériences des jours précédens ; la malade fut encore pincée ; mais on ne fit aucun essai nouveau, M. le médecin en chef et personne des assistans n'ayant témoigné ce desir, ni rien indiqué qui leur parût plus concluant que ce qui s'était fait.

La malade fut réveillée au bout d'une demi-heure.

XXIVe SÉANCE.

17 novembre.

Cette séance ne fournit aux observateurs rien de plus remarquable que les précédentes.

Depuis le 26 octobre que la D^{lle} Samson avait été magnétisée pour la première fois, elle n'avait pas vomi : car les deux vomissemens des 1er et 4 novembre, survenus dans l'intervalle, ne peuvent être considérés que comme des accidens résultés de circonstances particulières, sans lesquelles ils n'eussent pas eu lieu. La fièvre l'avait absolument quittée; elle n'éprouvait plus que rarement des palpitations; elle se levait, mangeait, digérait bien et se promenait une partie de la journée; enfin sa santé s'était améliorée sensiblement. Je devais me flatter de détruire les impressions pénibles dont tant d'expériences douloureuses avaient frappé la malade, de faire disparaître tout-à-fait les maux d'estomac et de côté; enfin, de la voir aller, chaque jour, de mieux en mieux. Je me promettais d'apporter à sa guérison finale plus de soins, plus de prudence et non moins d'énergie magnétique. J'exprimai cet espoir avec quelque transport devant l'assemblée, croyant que je serais libre de me livrer à tout ce que l'intérêt qu'inspirait la malade exigeait encore de moi. Quelles furent ma surprise et ma douleur quand, le lendemain 18, M. Geoffroy me pria de suspendre les séances et tout traitement magnétique! Je craignis que la même calomnie tentée sous M. Husson ne fût revenue pour triompher de ma persévérance et de mon dévouement ; mais je fus rassuré par l'exposition d'autres motifs auxquels je devais condescendre sans réplique.

Sentant alors combien la santé de la D^{lle} Samson allait souffrir de la suspension ordonnée, je crus devoir avertir M. Geoffroy et ses internes de ce qui allait arriver, c'est-à-dire, du retour des vomissemens et des autres symptômes menaçant la conservation de l'individu. Mes craintes ne tardèrent point à être justifiées.

La malade s'était préparée pour venir à la séance, lorsqu'on lui dit qu'elle ne serait pas magnétisée. Elle se recoucha en éprouvant le plus vif regret, et mangea comme à l'ordinaire; mais, dans le cours de la journée, elle vomit tout ce qu'elle avait pris, et, le soir, elle eut un peu de fièvre.

Le lendemain 19, les vomissemens continuèrent; des palpitations fortes se manifes-
tèrent; elle sentit des douleurs très vives à
l'épigastre, et elle ne put se lever le 20. M. Geoffroy ne prescrivait rien contre ses souffrances.
Tout ayant été essayé infructueusement, de-
vait-on revenir aux mêmes traitemens?

La malade resta sans soulagement jusqu'au
28; elle était alors très mal, à peu près dans le
même état où elle se trouvait quand je la magnétisai pour la première fois.

M. Geoffroy qui la vit, ému de sa position,
invita M. Robouam, encore interne, à la magnétiser sans aucun appareil quelconque et le
plus secrètement possible. Celui-ci, qui ne de-
mandait pas autre chose, profondément convaincu du bien qui devait en résulter, commença à la magnétiser le 29.

Aussitôt elle s'endormit et lui présenta de
nouveau tous les phénomènes déja observés
dans le cours des séances. Elle lui dit, en sommeil magnétique, qu'il lui faisait beaucoup de
bien, mais qu'elle serait plus long-temps à guérir cette fois, à cause de l'interruption qui avait
eu lieu : ce sommeil fut de trois quarts d'heure.

On lui fit prendre ensuite quelques alimens,
et elle ne les vomit pas.

M. Robouam continua de magnétiser cette fille tous les jours. J'avoue que, malgré l'injonction que m'avait faite M. Geoffroy, j'allais quelquefois unir mes soins à ceux de M. Robouam, mais je n'étais plus que magnétiseur accessoire.

Peu à peu tous les symptômes fâcheux disparurent : elle commença à manger le quart de portion, à boire de l'eau de gomme, du lait ; tout était bien digéré, la maigreur disparaissait à vue d'œil ; elle put se lever et n'éprouvait plus de palpitations que de loin en loin. Dans le courant du mois de décembre, les douleurs à l'épigastre disparurent presqu'entièrement ; le rétablissement nous semblait tout-à-fait assuré. Quelques vomissemens et des palpitations s'étant montrés de nouveau, nous reprîmes notre tâche magnétique ; l'époque mensuelle vint à se déclarer, et dura cette fois trois jours, avec abondance. Dès-lors la malade se trouva beaucoup mieux et n'eut plus besoin que de quelques soins. Aucun accident ne s'étant renouvelé, elle pouvait faire le service de la chambre et se livrer, sans ressentir d'incommodités, aux travaux de sa condition.

La D^{lle} Samson sortit enfin de l'Hôtel-Dieu,

dans un état de santé suffisamment consolidé, le 20 janvier 1821. (Voyez, à la fin de cet exposé, d'autres détails relatifs à la D^{lle} Samson.)

———

J'ai promis une narration fidèle des faits; l'exactitude scrupuleuse que je m'étais imposée m'a rendu prolixe : mais on excusera ce tort, en raison de la nécessité où je me suis trouvé de relater quelques-uns des procès-verbaux presqu'en entier.

Je dois pourtant encore entrer dans quelques considérations générales sur tout ce qui vient d'être dit.

Je ne doute point que la malade n'eût donné des signes de sommeil lucide beaucoup plus prompts et plus satisfaisans,

1°. Si elle n'avait jamais été entourée que de deux ou trois personnes, au plus, se tenant dans un repos absolu et passif, à une certaine distance d'elle;

2°. Si, à la place d'assistans presque tous incrédules ou même déclarés contre le magnétisme, les spectateurs eussent, quoiqu'ignorant les effets généraux du somnambulisme, mis une bonne foi complète dans l'exploration qu'on se proposait de faire méthodiquement des phénomènes du magnétisme animal ;

3°. Si, attendant de la nature des effets extraordinaires, on eût eu la patience de les laisser se développer chaque jour, à l'aide de la provocation magnétique pendant chaque séance, au lieu de montrer un empressement extrême de les faire arriver coup sur coup ;

4°. Si on se fût laissé persuader que l'on aurait été bien mieux éclairé par les circonstances nées naturellement de l'état sans cesse modifié de la malade et des progrès journaliers de sa lucidité, que par des expériences qui, presque toutes, étaient douloureuses pour elle, et qui contrariaient constamment la méditation interne dans laquelle toutes mes questions et les actes de ma volonté tendaient à la plonger.

Ainsi, au lieu de voir et d'entendre une somnambule très lucide, on n'a vu que les effets d'un somnambulisme assez borné dans ses manifestations extérieures; on n'a pas eu toutes les révélations qu'on pouvait en attendre.

Je regarde donc comme extrêmement heureux que la malade ait été guérie; mais je crois devoir faire remarquer que l'amélioration positive de sa santé ne date réellement que du moment où elle a été magnétisée par M. Robouam, et où il a su régulariser son action, de manière à ne pas troubler le lendemain les bienfaits de la veille.

Dès-lors, docile à mes conseils, il a pu reproduire à son gré, après l'action immédiate, celle à distance, celle interceptée par une cloison, soit à l'effet d'obtenir le sommeil, soit de le dissiper; mais il s'est exposé à détruire tout son ouvrage, lorsqu'il a soumis la malade à des expériences pénibles, quoique sans lui nuire visiblement. Je suis persuadé qu'alors la conviction intime et le desir ardent de faire du bien ont neutralisé, autant que possible, les effets préjudiciables qu'auraient eus ces essais, s'il n'eût voulu que faire des expériences. Aussi, la D^{lle} Samson m'a-t-elle dit plusieurs fois, durant cette dernière série de son traitement, que je lui faisais beaucoup plus de bien que M. Robouam, quand je venais la magnétiser.

Mais je conviens que les séances entreprises à l'Hôtel-Dieu, avaient pour but principal d'observer les divers phénomènes magnétiques, et, de plus, de s'assurer jusqu'à quel point ils modifieraient les propriétés vitales du corps humain. Tout desir de ma part de travailler uniquement et avec persévérance à la guérison de la malade dut donc céder au desir de s'instruire qu'apportaient, de leur côté, des spectateurs avides des progrès de la science physiologique.

En conséquence, toutes les expériences qui m'ont été proposées dans le cours de nos séances ont été faites au gré des assistans, et je n'en ai arrêté par fois que les excès trop prolongés.

Le résultat des observations sera donc que la malade arrivait dans la salle des séances, avec une toux fréquente et opiniâtre qui était toujours calmée dès la première atteinte magnétique, et ne se reproduisait qu'au sortir du sommeil qui s'ensuivait.

Les pulsations qui, dans l'état de veille, étaient de soixante-cinq à soixante-dix par minute, s'élevaient alors de cent quinze à cent vingt, dans le même espace de temps.

Les inspirations, au nombre de vingt-deux à vingt-cinq par minutedans la veille, se réduisaient au contraire à quatorze et même à douze.

La malade, une fois soumise à l'action du magnétisme, a été toujours endormie ou par un léger contact, ou par un geste fait à diverses distances, même malgré l'intermédiaire d'une cloison épaisse; et ce sommeil particulier, durable, a différé en tout du sommeil naturel ordinaire.

Dans cet état, elle est toujours demeurée impassible au bruit des cloches de Notre-Dame et de tout bruit fait autour d'elle avec diverses matières plus ou moins sonores, ou avec la voix fortement poussée dans ses oreilles. Elle est restée absolument insensible à tout contact extérieur qui ne venait pas du magnétiseur. Ainsi, le contact violent et les pincemens sur les membres, les chatouillemens faits même aux lèvres et au nez avec des barbes de plumes, exercés à diverses reprises par quelques-uns d'entre les observateurs, n'ont jamais rien changé à son attitude, ni pu exciter aucun mouvement. Au réveil, des convulsions plus ou moins fortes en ont toujours été la conséquence, et jamais elle n'a eu la mémoire de ce qui s'était passé durant son sommeil.

Pendant tout le temps qu'elle a été magnétisée par son premier magnétiseur, aucun effort pour la mettre en rapport avec quelque assistant n'a eu de succès.

Au contraire, elle entendait le magnétiseur de près ou à distance, qu'il lui parlât haut ou bas.

Elle était sensible à la direction de sa main

vers elle, sans qu'elle en vît l'action, sans même qu'elle pût la supposer agissante.

Elle était mobile au gré de la volonté du magnétiseur, auquel, cherchant à résister d'abord, elle finissait toujours par céder en très peu de temps; toutes les douleurs avec lesquelles elle arrivait, ou qui survenaient pendant la séance, étaient toujours calmées, et elle se félicitait chaque fois du bien-être qu'elle éprouvait d'un état qui lui était imposé comme malgré elle.

Dans cet état de sommeil magnétique, elle a passé bientôt à un somnambulisme lucide à un certain degré, et le magnétisme a été pour elle dès ce moment un remède auquel elle s'est attachée, en déclarant que c'était tout ce qu'il lui fallait pour guérir.

Les accidens graves de la maladie ont en effet disparu à mesure que la malade a été magnétisée, et ils se sont manifestés de nouveau aussitôt qu'on a cessé de le faire.

Après cet exposé fidèle des phénomènes produits, tant par M. Robouam que par moi, sur la D^lle Samson, et des observations importantes auxquelles ils ont donné lieu, pourquoi faut-il que je quitte le simple rôle de narrateur pour prendre celui d'accusé et pour repousser des inculpations que des hommes mal instruits ou malveillans pourraient vouloir élever sur ma bonne foi! Ne négligeons cependant rien de ce qui peut contribuer à faire triompher la vérité, et ne dédaignons pas, dans une question si importante pour la science, peut-être même pour l'humanité entière, de nous arrêter un instant pour détruire, dans l'esprit de personnes défiantes, jusqu'à la possibilité des soupçons de connivence avec la malade, de supercherie de sa part, ou enfin d'infidélité dans la narration des faits.

Je l'ai déja dit : je ne connaissais nullement la malade quand on vint me proposer de faire des expériences sur le magnétisme ; et ce fut M. Husson qui fit choix du sujet sur lequel je devais opérer. Je ne connaissais pas même personnellement M. Husson. Toute connivence était donc impossible au moment où l'on commença les expériences. Elle ne le fut pas moins dans le courant du traitement ; car la malade ne sortit pas une seule fois de l'Hôtel-Dieu pendant cet intervalle, et là je ne la vis jamais que devant un grand nombre de témoins, tous empressés à recueillir mes paroles et à observer mes moindres actions.

La malade n'avait jamais entendu parler du magnétisme ni du somnambulisme ; elle ne soupconnait en aucune manière ce que l'on attendait d'elle. Si elle jouait un rôle, personne n'avait pu le lui dicter : ce ne pouvait être ni moi, qui, ainsi qu'on vient de le voir, ne lui parlais jamais en particulier, ni les assistans, qui tous étaient prévenus contre le magnétisme ou en ignoraient les effets. Comment se fait-il donc qu'elle ait successivement manifesté tous les phénomènes que tous les magnétiseurs ont décrits ? Comment une *comédie* de l'invention de cette fille si simple et si naïve, aurait-elle été si parfaitement d'accord avec la vérité ? Et d'ailleurs, il est des faits que le meilleur comédien du monde ne pourrait simuler. Comment rester insensible aux outrages et aux mauvais traitemens les plus sensibles ? Comment supporter sans sourciller les plus cruelles opérations ? Le plus ferme et le plus courageux des stoïciens ne ferait pas ce que nous aurions vu faire tant de fois à une pauvre fille, souffrante, et réduite par une longue maladie au dernier degré de l'affaiblissement.

Enfin, pour mettre ma véracité à couvert, ai-je besoin d'autres preuves que de rappeler que toutes les expériences ont été suivies par plusieurs médecins, et présidées par un homme dont les lumières sont universellement connues, M. Husson ? Tous se seraient-ils trompés avec moi sur des faits aussi simples, reproduits tant de fois sous des formes diverses et avec toutes les conditions imposées par eux-mêmes? Tous se seraient-ils prêtés à une jonglerie indigne, et se seraient-ils rendus les instrumens du mensonge?

Si je suis un imposteur, il faut que je sois un imposteur bien effronté et bien intrépide ; car je ne crains pas de nommer publiquement ceux qui ont été témoins des faits que je décris, et qui ne manqueront pas sans doute, si j'ai altéré en rien la vérité, de m'accuser hautement.

Parmi plus d'une cinquantaine de personnes qui ont assisté tant à mes expériences qu'à celles de M. Robouam, voici celles qui ont suivi le plus exactement les séances :

Madame S^{TE}.-MONIQUE, *Mère-Religieuse de la salle Ste.-Madelaine*

Mesdames S.-SAUVEUR et S.-ELOI, *Mères-Religieuses de deux autres salles.*

M. HUSSON, *Médecin en chef, par quartier, des salles Ste.-Agnès et Ste.-Madelaine.*
M. GEOFFROY, *idem.*
M. RÉCAMIER, *idem.*
M. ROBOUAM, *Interne.*

Médecins suivant les visites.

MM.	MM.
BARENTON.	GIBERT.
BARRAT.	HUBERT.
BERGERET.	JACQUEMIN.
BERTRAND.	KERGARADEC (J. A.).
BOISSAT.	LAPERT.
BOUVIER.	LE ROUX (F. M.).
BREHERET.	MARGUE.
BRICHETEAU.	PATISSIER.
BOURGERY.	ROUGIER.
CARQUET.	ROSSEN.
CRÉQUI.	SANSON.
DE LENS.	SABATIER.
DRUET.	SOLON (Martin).
FOMARS.	TEXIER.

NOUVEAUX DÉTAILS
SUR LA DEMOISELLE SAMSON.

Après les séances de l'Hôtel-Dieu, j'ai été près de dix mois sans voir la D^{lle} Samson, qui avait été le sujet de nos expériences. Je desirais cependant beaucoup avoir de ses nouvelles; elle m'avait inspiré tant d'intérêt, que pendant long-temps je cherchai à la retrouver; mais fatigué de recherches inutiles, je n'avais plus d'espoir, quand un heureux hasard me conduisit où elle était (1). Je la vis, je la magnétisai, elle s'endormit; elle pleura de joie de me revoir; elle me remercia dans son sommiel, en termes qu'on ne trouve que dans cet état.

Sa santé avait décliné sensiblement, et était loin d'être satisfaisante à cette époque. Pauvre fille! Combien elle avait à se plaindre du sort qui l'avait fait naître dans un état de dé-

(1) C'était chez M. Leclerc, rue du Roi-de-Sicile, n° 35, qui l'avait accueillie dans sa maison.

pendance, puisque sa santé aurait pu se rétablir dans une condition plus aisée, qui lui aurait permis de prendre tous les ménagemens nécessaires. Elle pressentait pourtant alors, dans son sommeil, tous les maux dont elle était menacée pour l'avenir. Elle jugeait plus sainement de son état qu'elle ne l'avait fait jusquelà; elle découvrait l'altération profonde des principaux organes de la circulation (1), et quoiqu'elle vît bien les moyens propres à la guérir, ces moyens étaient pour elle impraticables; car il eût fallu lui donner des soins assidus pendant six mois; exercer sur elle une surveillance de tous les momens, pratiquer de nombreuses saignées, et enfin ne lui donner d'alimens que précisément ce qu'il fallait pour l'empêcher de mourir. Comment une pauvre fille, abandonnée à elle seule, obligée à un travail journalier pour soutenir son existence, eût-elle pu s'astreindre d'elle-même à un régime si sévère?

Profondément affecté de son état, et obligé,

----

(1) On a vu, d'après ses propres révélations, confirmées par le jugement des médecins, qu'outre l'inflammation chronique de l'estomac, elle était atteinte d'un anévrisme au cœur. (*Voyez* p. 46 et 51.)

par une longue absence, de suspendre les soins que je lui donnais, je priai de me suppléer auprès d'elle un de mes amis, M. Bouillet, que j'avais convaincu des effets du magnétisme, et qui, frappé de la lumière que cette découverte peut jeter sur la psychologie et des secours qu'elle prête à la métaphysique, principaux objets de ses études, se livrait avec ardeur à la recherche de ces intéressans phénomènes.

Il me le promit, et s'en acquitta autant qu'il dépendait de lui, comme on va le voir dans une lettre qu'il m'écrivit, et qu'il m'autorise à publier. J'eus soin de le prévenir que des deux maladies dont elle était atteinte, l'une, la plus grave, l'anévrisme au cœur, ne serait pas curable par le magnétisme ; mais qu'il pourrait cependant apporter beaucoup de soulagement à l'inflammation chronique de l'estomac, et prolonger indéfiniment l'existence de la maladie.

15 janvier 1823.

« Mon cher Dupotet,

« Je m'empresse de vous donner les renseignemens que vous desirez sur la malade que vous avez confiée à mes soins, et à laquelle vous portez un si légitime intérêt. Instruit par vous dans la pratique du magnétisme, c'est un devoir pour moi de vous soumettre mes premiers essais pour recevoir vos conseils ; c'est un besoin de vous communiquer mes premiers succès.

« Peu de jours après votre départ (1), je trouvai notre malade chez M. Leclerc, notre ami commun ; je lui fis part de la nécessité où vous étiez de vous absenter, et de la prière que vous m'aviez faite de vous suppléer auprès d'elle. Elle n'accepta cette proposition qu'avec répugnance, semblant craindre de vous déplaire en consentant à se laisser magnétiser par un autre. Cependant, pensant que je ne pourrais nullement agir sur elle, elle consentit, en riant, à me laisser faire. Mais au bout de quelques minutes, s'apercevant qu'elle commençait réellement à éprouver les effets ordinaires du magnétisme, et se reprochant de nouveau, avec plus de force, cette espèce d'infidélité, elle voulut absolument se retirer, et se leva trois fois pour le faire ; mais armé comme je l'étais d'une volonté énergique, encouragé d'ailleurs par le succès presque inespéré d'un premier essai, je réussis chaque fois à enchaîner ses pas,

____

(1) En juillet 1822.

et enfin à la plonger, malgré la plus forte résistance, dans un sommeil léthargique. Après être restée quelque temps dans cet état de repos absolu, elle me fit apercevoir qu'elle était passée en somnambulisme, en donnant des signes d'impatience, suite naturelle des dispositions dans lesquelles elle avait été endormie. Je la calmai bientôt en lui parlant de vous. Dès que je vous eus nommé, cette pauvre fille, donnant tout-à-coup l'essor aux sentimens de reconnaissance et d'affection dont elle était pénétrée pour vous, s'écria qu'elle vous devait la vie, et fit de votre humanité le plus touchant éloge, s'exprimant dans un langage qu'elle n'aurait certainement pas trouvé dans l'état de veille. Elle s'accusait d'être née dans une condition si pauvre, et de ne pouvoir rien faire pour vous témoigner sa gratitude. Elle souhaitait jouir des plus grands biens, pour les partager avec vous. Elle m'a bien des fois depuis exprimé les mêmes sentimens, et si quelque chose peut vous dédommager des peines que vous a coûtées son traitement, c'est bien sans doute la sincérité et la vivacité de sa reconnaissance (1).

---

(1) Je ne puis m'empêcher de raconter ici une scène

« Je continuai à magnétiser mademoiselle Samson assez régulièrement pendant environ un mois, et j'eus la satisfaction, pendant cet intervalle, de voir se soutenir et s'améliorer l'état de santé dans lequel vous l'aviez mise. Je vis se manifester presque tous les phénomènes que vous aviez obtenus à l'Hôtel-Dieu ; le sommeil devint de plus en plus prompt et facile à produire, au point qu'il n'était nécessaire d'employer aucun des attouchemens et des mouvemens prescrits par les magnétiseurs. Les aspirations et expirations diminuaient de

---

touchante qui eut lieu à ce sujet. Etant un jour survenu pendant que mademoiselle Samson était en sommeil, je priai M. Bouillet de me mettre en rapport avec elle. Il eut d'abord assez de peine à y réussir ; mais dès que la somnambule eût commencé à me sentir et à me reconnaître, elle éprouva la plus forte émotion ; elle fondit en larmes, et tout en ressentant la joie la plus vive de me revoir, m'adressa des reproches touchans sur ce que je l'avais abandonnée. — Il arriva pendant cette scène un fait assez singulier : mon influence ancienne avait en quelque sorte combattu l'influence nouvelle de M. Bouillet, et toutes deux s'étaient neutralisées réciproquement, si bien que ni lui ni moi nous ne pouvions réveiller la somnambule. Il fallut, pour y réussir, joindre nos efforts et agir sur elle de concert.

(*Note de M. Dupotet.*)

moitié, comme vous l'aviez observé, et au contraire les pulsations qui, dans la veille, n'étaient que de 60 par minute, s'élevaient à près de 120. La toux constante qui la fatiguait dans la veille cessait dès qu'elle était magnétisée, pour reparaître ensuite. C'était d'ailleurs toujours le même isolement, la même insensibilité. Je parvins cependant une fois à la mettre en rapport avec madame V., par un moyen assez singulier : ce fut en la magnétisant, pour ainsi dire, à travers cette dame ; c'est-à-dire, qu'après leur avoir dit de se tenir par la main, je magnétisai madame V. au lieu de mademoiselle Samson, avec l'intention cependant d'endormir celle-ci ; ce qui réussit parfaitement.

Sa lucidité, troublée sans doute dès l'origine par les contrariétés que vous aviez éprouvées à l'Hôtel-Dieu, puis par les interruptions fréquentes de son traitement, et par le changement de magnétiseurs, ne fit que peu de progrès. Cependant, un fait qui m'a souvent frappé, c'est qu'elle prédisait plusieurs jours à l'avance des vomissemens de sang auxquels elle était encore sujette, et que ses prédictions à cet égard se vérifiaient toujours. Elle m'indiquait bien aussi des remèdes pour son état ; mais ces remèdes étaient si violens, et j'avais d'ailleurs si peu de confiance dans sa lucidité, que je n'osai jamais les employer.

« Cependant, telle qu'elle était, elle offrait encore un spectacle intéressant et instructif aux personnes étrangères au magnétisme. Un grand nombre de curieux de mes amis, ou des amis de M. Leclerc, vinrent la visiter; j'ai remarqué dans le nombre plusieurs médecins, entre autres M. François (de Barcelonne), qui déja avait été témoin, ainsi que M. Marc, d'une séance dans laquelle vous l'aviez magnétisée et mise en somnambulisme par la seule force de la volonté, sans aucun mouvement, sans aucune parole, en un mot sans aucun signe de votre intention.

« Ayant été, dans le courant des mois d'août et de septembre, passer quelques semaines de vacances à lá campagne, j'eus la douleur d'apprendre, à mon retour, que notre pauvre malade, dont la santé ne se soutenait pour ainsi dire que par artifice, avait fait une rechute et était entrée à la Pitié. Elle en sortit bientôt après, et retourna dans la maison où nous l'avions vue.

« J'eus occasion de l'y revoir et de la magnétiser de nouveau, vers la fin de septembre. A cette époque, plusieurs personnes m'ayant manifesté le desir d'être témoins de quelques phénomènes magnétiques, je la fis venir chez moi, après avoir réuni plus de vingt personnes. Ce fut à peu près une répétition des séances les plus orageuses de l'Hôtel-Dieu ; on employa tous les moyens de se faire entendre d'elle, ou de l'empêcher de m'entendre ; on la tourmenta de mille manières, sans vaincre son insensibilité. Un jeune homme présent à cette séance, M. Alexandre Bautier, voulant faire une expérience décisive , s'était muni, sans m'en prévenir, d'un pistolet, et le lui tira à l'oreille au moment où personne ne s'y attendait. Tous les assistans, surpris de cette détonnation inattendue , tressaillirent ; plusieurs dames poussèrent des cris d'effroi. Pour notre somnambule, elle continua paisiblement une phrase qu'elle m'adressait, sans se douter de rien. Cependant le coup avait été tiré de si près, que le bonnet et la collerette de la pauvre fille avaient été brûlés, et qu'il lui était entré dans le cou un grand nombre de grains de poudre. Au réveil, la sensibilité ayant été rendue aux parties qui en avaient été momentanément privées, elle éprouva dans le cou de vives douleurs qui lui durèrent plus de quinze jours, et découvrit bientôt, avec indignation , l'état où on l'avait mise, à mon grand regret.

« Le croiriez - vous, mon cher ami, quelqu'un de la société osa encore élever des doutes sur la réalité de son isolement. M. Br., alors interne à la Pitié, persuadé sans doute qu'il était du devoir d'un médecin de nier l'évidence même, et de faire abnégation de ses sens, dès qu'il s'agit du magnétisme, accumula mille exemples savans pour prouver que l'on pouvait acquérir l'*habitude* de paraître insensible aux plus fortes commotions; comme si l'on pouvait s'*habituer* à ce qui est inattendu, ou comme si cette jeune fille se fût amusée tous les jours à se faire tirer, à l'improviste, des coups de pistolet, pour en prendre l'*habitude!*

« L'imprudence de M. Alexandre Bautier, à laquelle mademoiselle Samson ne voulait pas me croire tout-à-fait étranger, m'avait fait perdre presque entièrement sa confiance. Je la rencontrais bien quelquefois chez M. Leclerc, mais elle ne se livrait qu'avec crainte à mon action. Je commençais cependant à dissiper ses inquiétudes, et à espérer, par un traitement régulier, faire renaître en elle la lucidité, et rétablir, ou du moins entretenir sa santé, quand elle fut obligée de quitter la maison où elle était, vers la fin de novembre 1822, pour entrer en condition.

« Je n'ai pas su depuis ce qu'elle était devenue; je crains bien que cette pauvre fille, privée des secours et des forces que lui donnait le magnétisme, quoique administré d'une manière peu régulière, n'ait bientôt succombé aux maux dont elle était atteinte, et qui devaient faire pour elle de la vie un pénible fardeau (1).

« Quand cette triste conjecture serait fondée, je serais loin de penser que l'on en pût tirer aucune conclusion légitime contre le magnétisme.

« Si ce genre de remède, appliqué d'une manière si irrégulière, et avec tant d'interruption a pu prolonger de plusieurs années l'existence d'une pauvre fille dénuée de tout, et attaquée d'ailleurs d'une maladie reconnue incurable, que ne peut-on pas espérer lorsque ce traitement est régularisé, lorsqu'il est secondé par un régime sévère, par toutes les

-----

(1) Cette conjecture est d'autant plus probable, que, depuis cette époque, ni moi ni aucune des personnes qui avaient pris intérêt à mademoiselle Samson, nous n'avons entendu parler d'elle. (*Note de M. Dupotet.*)

ressources qu'offre l'art de la médecine, et par les consolations que l'on trouve dans une honnête aisance ?

« Je vous ai vu trop de fois réussir dans les maladies les plus désespérées, j'ai moi-même, depuis le peu de temps que je connais le magnétisme, produit des effets assez marqués et assez heureux, pour ne conserver aucun doute sur son efficacité.

« Aussi suis-je bien persuadé que vous m'avez rendu un vrai service en m'enseignant l'art précieux d'en faire usage, et je saisis avec empressement l'occasion de vous en témoigner ma reconnaissance, et de me déclarer votre tout dévoué,

« BOUILLET. »

PRÉCIS

DES

RECHERCHES SUR LE MAGNÉTISME,

AUXQUELLES ONT DONNÉ LIEU, DANS DIFFÉRENS HOSPICES DE PARIS, LES EXPÉRIENCES FAITES A L'HÔTEL-DIEU, PAR M. DUPOTET.

LES expériences que je venais de faire à l'Hôtel-Dieu excitèrent, surtout parmi les jeunes médecins, un intérêt général, et furent le signal de recherches semblables dans différens hospices de Paris. Dans tous on obtint des phénomènes non moins remarquables que tout ce qui avait été observé jusqu'à ce jour.

Je rendrai compte sommairement de ceux des principaux résultats que j'y ai vu obtenir ou qui m'ont été communiqués.

Hôtel-Dieu. On a vu qu'à l'Hôtel-Dieu, M. Robouam, imitant mes procédés, avait réussi à me suppléer auprès de Mlle Samson, lorsque je fus obligé d'interrompre son traitement, et qu'il avait obtenu les mêmes résultats que moi. Il fit bientôt de nouveaux essais sur d'autres malades, et réussit également.

Il magnétisa d'abord une femme qui vomissait depuis plus long-temps que notre malade, et qui de plus était atteinte d'une hydropisie ascite. Depuis ce moment, les vomissemens furent entièrement suspendus; le sommeil magnétique fut le même que celui qu'on avait observé chez la première.

Il est encore parvenu à faire un autre somnambule d'un malade affecté de coxalgie, et qui lui présenta, dès la première séance, l'isolement observé chez les deux autres.

Il eut principalement pour but, dans ses expériences, de rechercher jusqu'à quel point pouvait aller l'insensibilité externe pendant le somnambulisme. Il avait déja été à même de vérifier, dans le traitement de la D^{lle} Samson, que des douleurs très cuisantes ne détruisaient pas l'isolement et l'impassibilité absolue du somnambule; voici comment:

La D^{lle} Samson lui dit un jour, très éveillée, vous prétendez que je dors et qu'aucun effort pour me réveiller ne réussit; mettez-moi donc les jambes dans un bain de moutarde, et vous verrez si je ne suis pas réveillée aussitôt. Le sinapisme fut en effet administré durant le sommeil magnétique, et beaucoup plus fort qu'il n'est d'usage de l'employer communément; toutefois, sans que la malade eût été prévenue à l'avance que l'on exécuterait son conseil.

On la tint dans ce bain plus long-temps que de coutume; la peau fut entièrement rubéfiée, mais la patiente ne témoigna nul desir d'en sortir et n'éprouva aucune douleur apparente. Au réveil, elle fit des cris perçans, dit qu'on l'avait brûlée, et s'indigna qu'on l'eût traitée ainsi, dans le dessein, sans doute, de la faire souffrir davantage.

Cette suite d'essais inutiles pour vaincre l'état d'insensibilité extérieure reconnu chez les divers malades qui avaient été magnétisés dans l'hôpital, conduisit M. Récamier, dans les premiers jours du mois de janvier 1821, à porter les expériences jusqu'au dernier période d'attaque. Il invita M. Robouam à faire passer en somnambulisme les deux malades affectés d'ascite et de coxalgie dont nous venons de parler; il eut la précaution de prévenir les individus que, s'ils s'endormaient aussi complaisamment sous les passes de son interne, il leur ferait appliquer de suite un moxa.

Les deux malades, successivement magnétisés, furent plongés chacun, en très peu de
temps, dans l'état de somnambulisme parfaitement isolé, comme on va le voir.

Alors, M. Récamier fit, en effet, appliquer
le moxa sur l'épigastre de la femme et sur l'articulation coxo-fémorale de l'homme, et le
souffla lui-même. Aucun des deux malades ne
donna, ni dans le cours du sommeil magnétique, ni pendant que l'opération dura, de signe
quelconque de sensibilité; mais au moment où
M. Robouam fut obligé de les réveiller, l'un
et l'autre ressentirent toutes les douleurs attachées au genre d'opération qu'on leur avait
fait supporter.

Ces dernières expériences étant tout-à-fait
décisives, et ayant d'ailleurs été faites par un
homme dont le défaut n'est ni une confiance
aveugle ni une bienveillance extrême pour le
magnétisme, nous ne croyons pouvoir trop y
insister; et, pour enlever tout doute à cet
égard, nous insérons ici textuellement le certificat qui nous en fut délivré par M. Robouam
lui-même.

« Je soussigné, certifie que, le 6 janvier
1821, M. Récamier, à sa visite, m'a prié de

mettre dans le sommeil magnétique le nommé Starin, couché alors au n° 8 de la salle Sainte-Madeleine, et maintenant au n° 59 de la même salle ; il l'a menacé auparavant de l'application d'un moxa, s'il se laissait endormir. Contre la volonté du malade, moi Robouam, l'ai fait passer dans le sommeil magnétique pendant lequel M. Récamier a lui-même appliqué un moxa sur la partie antérieure un peu externe et supérieure de la cuisse droite, lequel a produit une escarre de 17 lignes de longueur et de 11 de largeur ; que Starin n'a pas donné la plus légère marque de sensibilité, soit par cris, mouvemens ou variations du pouls ; qu'il n'a ressenti les douleurs résultant de l'application du moxa que lorsque je l'ai eu fait sortir du sommeil magnétique.

« Étaient présens à cette séance, Mme Sainte-Monique, mère de la salle, MM. Gibert, Lapeyre, Bergeret, Carquet, Truche, etc.

« Je certifie encore que, le 8 janvier, à la prière de M. Récamier, j'ai mis dans le sommeil magnétique la nommée Le Roy (Lise) couchée au n° 22 de la salle Sainte-Agnès : il l'avait auparavant menacée également de l'application d'un moxa, si elle se laissait endormir. Contre la volonté de la malade, moi Robouam, l'ai fait passer dans le sommeil magnétique, pendant lequel M. Gibert a brûlé, à l'ouverture des fosses nasales de l'agaric, dont la fumée désagréable n'a rien produit de remarquable ; qu'ensuite M. Récamier a appliqué *lui-même*, sur la région épigastrique, un moxa qui a produit une escarre de 15 lignes de longueur sur 9 de largeur ; que, pendant son application, la malade n'a pas témoigné la plus légère souffrance, soit par cris, mouvemens ou variations du pouls ; qu'elle est restée dans un état d'insensibilité parfaite ; que, sortie du sommeil magnétique, elle a témoigné beaucoup de douleurs ; qu'ayant dès ce moment cessé de la magnétiser, les vomissemens qui existaient depuis onze mois, et qui depuis six semaines avaient été suspendus par le magnétisme, ont reparu et continué, malgré tous les moyens mis en usage par M. Récamier, qui, le 19 février, m'a lui-même prié de recommencer à la magnétiser.

« Etaient présens à cette séance Mmes Saint-Sauveur et Saint-Eloi, MM. Gibert, Créqui, etc.

« Paris, le 26 février 1821.

« Signé, ROBOUAM, D. M. P. »

(*Nota*. Ce certificat est, ainsi que les procès-verbaux, déposé chez M. Dubois, notaire.)

Comment se fait-il qu'après avoir vu et produit lui-même des phénomènes si étonnans, après avoir rendu, dans le certificat qu'on vient de lire, un témoignage si loyal et si éclatant à la vérité, M. Robouam soit resté depuis étranger au magnétisme, et se soit arrêté dès les premiers pas dans une carrière où il était entré d'une manière si brillante ?

Comment se fait-il aussi que M. Récamier, après m'avoir de son propre mouvement donné l'assurance de sa croyance au magnétisme, devant un grand nombre de témoins (1), après avoir fait d'ailleurs la même déclaration à plusieurs autres personnes ; après avoir fait, comme on vient de le voir, les expériences les plus hardies et les plus concluantes, dont la cruauté même ne peut se justifier que par le desir le plus ardent de découvrir la vérité ; comment se fait-il, dis je, que ce même M. Récamier paraisse aujourd'hui se ranger parmi les ennemis les plus acharnés de cette belle découverte?

Pitié. M. Husson, quittant l'Hôtel-Dieu, comme nous l'avons dit, à l'expiration de son quartier, fut appelé à l'hospice de la Pitié.

---

(1) *Voyez* ci-dessus, page 36, au bas.

M. Bertrand, qui n'avait été que simple spec-
tateur des expériences faites à l'Hôtel-Dieu,
désirait ardemment trouver l'occasion d'agir
par lui-même; il me pria en conséquence de
demander pour lui à M. Husson l'autorisation
d'appliquer le magnétisme à quelques-uns des
nouveaux malades qu'il avait à traiter. Je m'empressai de le faire, et M. Husson, ne voulant
négliger aucune occasion de s'éclairer et d'é-
clairer les autres, y consentit volontiers.

Après qu'il eut essayé pendant une dixaine
de jours de traiter par le magnétisme une malade atteinte de plusieurs affections graves, et
spécialement de vomissemens, sans produire
aucun effet sensible, M. Husson, découragé,
me pria de faire de nouveaux essais sur la
même malade. Malgré la crainte que j'avais
d'indisposer M. Bertrand, je me trouvai dans
l'impossibilité de me refuser à cette proposition.

En arrivant, je trouvai M. Bertrand magnétisant la malade. Après qu'il eut terminé sa
séance, sans obtenir plus de succès, je m'ap-
prochai à mon tour, et la magnétisai. Elle ne
tarda pas à manifester les effets les plus marqués
de l'action magnétique, tels que convulsions,
strabisme et syncope : effets dont la violence
ne venait que de l'excès de force que j'avais mise

7

à agir sur elle, la croyant rebelle à l'action du magnétisme; pour nous en assurer, nous laissâmes calmer cette crise, et, au moment où je recommençais de nouveau à opérer sur elle, les mêmes effets se reproduisirent (1).

Notre intention était de poursuivre nos recherches avec persévérance; mais M. Husson, n'ayant plus le temps d'assister aux expériences, les ajourna indéfiniment.

Cependant le magnétisme ne fut point entièrement oublié à la Pitié. Plusieurs mois après, en août 1822, M.lle Samson ayant été obligée

---

(1) Le fait que nous venons de citer, ainsi que deux autres cas dans lesquels je réussis à produire des effets sur des personnes restées insensibles à l'action de M. Bertrand, sont de nouvelles preuves de la différence de forces que l'on a déjà remarquée entre les divers magnétiseurs, et que l'on ne sait pas bien encore à quelles causes rapporter; cependant on ne peut douter qu'elle ne dépende beaucoup de la conviction plus ou moins forte qu'a de son pouvoir le magnétiseur. Ces faits nous apprennent en même temps quelle imprudence il y a à ne juger que d'après soi-même des bornes de la possibilité, et à croire que le magnétisme n'existe pas ou n'existe que dans l'imagination, parceque l'on n'a pas réussi à magnétiser ou que l'on n'a produit que des effets insignifians.

d'entrer dans cet hospice, M. Geoffroy, médecin de service à cette époque, fut curieux de
magnétiser lui-même la personne qu'il m'avait
déja vu traiter à l'Hôtel-Dieu, et ayant obtenu
un plein succès, il put se convaincre pleinement
par lui-même de faits dont ses premières observations ne lui avaient donné sans doute que
des notions superficielles.

Salpêtrière. C'est à la Salpêtrière surtout
que l'étude du magnétisme reçut de grands
développemens. M. Margue, qui avait puisé
une conviction profonde dans un examen at-
tentif tant des expériences faites à l'Hôtel-
Dieu que de celles que je fis en particulier, devant lui, sur des individus de son choix, ayant
été appelé comme interne à la Salpêtrière, sai-
sit les premières occasions d'exercer les facultés dont je lui avais révélé l'existence. Ses
premiers succès surpassèrent ses espérances.
Onze somnambules qu'il obtint dès le début
lui révélèrent bientôt tous les secrets du magnétisme, et lui montrèrent les phénomènes
les plus intéressans.

Dès ce moment, devenu l'un des plus ardens apôtres de la nouvelle doctrine, il voulut
faire partager sa croyance à ses collègues et à

ses amis. Il en rendit un grand nombre témoin de ses expériences, et bientôt le cabinet de l'interne suffit à peine pour contenir tous les curieux qui y affluaient. Je pourrais en citer plus de quarante, qui, après y être entrés incrédules, en sortaient convaincus.

Parmi les expériences qui y parurent décisives, je n'en citerai qu'une seule, parcequ'elle se distingue de celles que nous avons déja racontées.

On avait remarqué que les somnambules de M. Margue, comme celles de l'Hôtel-Dieu, présentaient au plus haut degré l'isolement et l'insensibilité extérieure. Après avoir mis en usage toutes sortes de moyens pour vaincre leur impassibilité, plusieurs des assistans, afin de s'enlever à eux-mêmes tout prétexte de doute, imaginèrent de leur faire respirer de l'ammoniaque concentrée, substance dont tout le monde connaît les effets terribles (1). On

---

(1) Cet alcali, concentré, agit à la manière des poisons irritans les plus énergiques. Ce caustique, laissé sous le nez pendant un temps très court, enflamme les membranes muqueuses du pharinx, de la trachée-artère, des bronches, etc., et détermine promptément la mort, comme on en a des exemples.

plaça donc successivement sous le nez de chacune des sept somnambules qui étaient réunies
à cette séance, un bocal d'ammoniaque, et on
l'y laissa 12 ou 15 minutes. Toutes restèrent
également impassibles et n'éprouvèrent aucun
effet d'une substance, qui, dans l'état naturel,
n'eût pas manqué de leur donner la mort ins-
tantanément. Un des médecins, ne pouvant
concevoir cet effet qui renversait toutes les lois
de sa physique, et doutant que le bocal contînt
réellement de l'ammoniaque, s'en approcha
afin de s'en assurer; mais il fut frappé subite-
ment, et faillit tomber asphyxié.

Parmi les nombreux et zélés disciples de
cette nouvelle école, nous devons remarquer
MM. Georget et Rostan, qui tous deux frappés
des merveilles qu'ils avaient vues, se livrèrent
dans le silence et dans le recueillement à une
étude réfléchie et vraiment méthodique de ces
nouvelles propriétés de l'homme, dont la plupart des autres se contentaient d'admirer
quelques effets désordonnés. Tous deux ont eu
le courage de publier le fruit de leurs observations et de rétracter publiquement dans leurs
écrits les critiques injustes et hasardées qu'ils
s'étaient précédemment permises, sur parole,
contre le magnétisme.

M. Georget, dans son estimable ouvrage sur la *physiologie du système nerveux*, a exposé d'une manière lucide et méthodique, les phénomènes sensoriaux, intellectuels et musculaires que présentent les individus magnétisés; l'utilité que l'on peut retirer du magnétisme, soit pour la guérison des maladies, soit pour la direction des traitemens; et il a appuyé ses principes d'exemples frappans, mais dont il a été trop avare (1).

Parmi les observations qu'il rapporte, je citerai comme surtout remarquables celles qu'il a faites sur le pouvoir de paralyser à volonté certaines parties du corps. De telles expériences peuvent être curieuses, mais elles sont rarément utiles et ont de très graves dangers, comme M. Georget le reconnaît lui-même.

M. Rostan a également rendu une justice publique à la doctrine du magnétisme, dans le nouveau Dictionnaire de médecine (2). Après avoir démontré l'absurdité qu'il y a à juger

---

(1) Voyez *Physiologie du système nerveux*, vol. Ier, chap. 3, page 277.

(2) Voyez *Dictionnaire de Médecine*, XIIIe vol., article *Magnétisme animal*.

sans avoir examiné, il expose le résultat de ses recherches personnelles, qui se trouvent en tout d'accord avec ce que l'on a déjà publié.

Les observations faites à la Salpêtrière ont eu particulièrement pour objet des épileptiques. L'application du magnétisme a constamment réussi dans ce genre de maladie, soit en éloignant peu à peu les accès, soit enfin en les faisant disparaître entièrement.

(J'ai produit moi-même une foule de faits qui prouvent de la manière la plus évidente cette propriété du magnétisme.)

Nous savons qu'on a magnétisé à Bicêtre, à la Charité et à Saint-Louis, et que l'on a aussi obtenu partout les effets les plus intéressans; mais n'en connaissant pas suffisamment les détails, nous nous abstenons d'en parler afin d'être fidèles à notre méthode de ne rien dire que nous n'ayons vu et entendu.

Je ferai, en terminant, une remarque qui m'a singulièrement frappé : c'est que les phénomènes si extraordinaires de l'isolement et de l'insensibilité, ainsi que l'action à distance et à travers des corps opaques, qui n'avaient point été observés jusque là, ou qui au moins ne s'étaient rencontrés que très rarement, se sont, depuis que je les ai eu obtenus publiquement sur mademoiselle Samson, reproduits constamment chez tous les somnambules magnétisés par des personnes qui m'avaient vu agir, ou qui avaient reçu des leçons des magnétiseurs instruits par moi. C'est ainsi que le somnambulisme, inconnu jusqu'à ce que M. de Puységur l'eût obtenu en 1784, se développa aussitôt de tous côtés, comme par épidémie, dès qu'il eut annoncé sa découverte. Il semble que nous ayons en nous certaines puissances cachées, qui attendent pour se développer qu'un heureux instinct ou des exemples hardis nous aient instruits de leur existence ; nous pouvons, dès que nous croyons pouvoir : *possunt, quia posse videntur.* Il semble aussi que les hommes, comme les instrumens de musique, puissent mettre leurs ames à l'unisson, et s'élever pour ainsi dire au ton les uns des autres.

Nous avons de fortes raisons de croire que c'est à cette série non interrompue d'expériences, provoquées par notre exemple dans plusieurs hospices et devant une foule de médecins, que l'on doit le retour de l'opinion générale sur une question qu'on avait trop long-temps négligée, la proposition adressée par suite à l'Académie d'en faire un examen nouveau, et les dispositions favorables qu'a manifestées, par l'organe de son rapporteur, la commission nommée à cette occasion.

Pour compléter cette esquisse de l'histoire publique du magnétisme (si je puis m'exprimer ainsi), je crois donc devoir placer ici ce qui vient de se passer à l'Académie de médecine, et reproduire le lumineux rapport de M. Husson, qui, en nous faisant espérer une décision favorable de l'Académie, promet de couronner les généreux efforts que les amis du magnétisme font en sa faveur depuis plus de cinquante ans.

DÉLIBÉRATIONS
DE L'ACADÉMIE DE MÉDECINE
SUR LA QUESTION DU MAGNÉTISME ANIMAL;

RAPPORT FAIT PAR M. HUSSON,

AU NOM DE LA COMMISSION NOMMÉE A CETTE OCCASION;

ET

PROPOSITIONS D'EXPÉRIENCES NOUVELLES

ADRESSÉES A L'ACADÉMIE PAR M. DUPOTET.

Une nouvelle ère semble commencer pour l'étude du magnétisme animal; on sort enfin généralement de cette indifférence que l'on a si long-temps affectée en France pour ce nouvel ordre de phénomènes; et les corps savans, forcés par l'opinion publique, n'ont pu tarder plus long-temps à s'occuper de nouveau d'une question qu'on avait crue jugée irrévocablement.

Dans le courant du mois d'août dernier (1825), M. le docteur Foissac adressa à l'Académie un mémoire sur le magnétisme animal, qu'il a bien voulu nous communiquer.

Après avoir tracé en peu de mots l'histoire du magnétisme, il s'arrête particulièrement sur le somnambulisme, et s'occupe d'en prouver l'utilité et la réalité de la manière suivante:

« Des points de contact si multipliés rattachent le somnambulisme magnétique à la médecine, qu'on n'aurait jamais dû l'en séparer; il devrait même être considéré comme une branche fort importante de la physiologie et de la thérapeutique. En effet, nul individu n'est susceptible de somnambulisme, s'il n'est actuellement malade, ou d'une constitution extrêmement frêle et délicate. Indépendamment de cette disposition physique, il est dans l'ordre moral et intellectuel des conditions plus puissantes encore, dont quelques-unes me sont connues; les autres deviendront un objet de recherches du plus haut intérêt.

« Quel phénomène extraordinaire pour les physiologistes qu'une personne soumise à l'action du magnétisme animal, qui, perdant par degrés le sentiment de l'existence, s'endort d'un sommeil profond, et reste plongée dans un néant absolu! Mais aussitôt que le magnétiseur lui parle, une nouvelle vie se développe, la sphère de ses connaissances s'agrandit, et déja se manifeste cette faculté si précieuse que les premiers magnétiseurs appelèrent *intuitive* ou *lucidité*, et sur laquelle je fixerai toute votre attention, parcequ'en elle réside tout le magnétisme. Par elle, les somnambules, au moins ceux que j'ai vus, et que je puis soumettre à votre observation, reconnaissent les maladies dont ils sont affectés, les causes prochaines ou éloignées de ces maladies, leur siége, leur prognostic, et le traitement qui leur convient.

« Ce qu'ils font pour eux, ils le font avec la même précision pour leur magnétiseur ; celui-ci leur communique même une partie de ses goûts et de ses connaissances ; ses maladies, ses plaisirs, ses chagrins, sont ressentis par les somnambules.

« En posant successivement la main sur la tête, la poitrine et l'abdomen d'un inconnu, les somnambules en découvrent aussitôt les maladies, les douleurs et les altérations diverses qu'elles occasionent ; ils indiquent, en outre, si la cure est possible, facile ou difficile, prochaine ou éloignée, et quels moyens doivent être employés pour atteindre ce résultat par la voie la plus prompte et la plus sûre. Dans cet examen, ils ne s'écartent jamais des principes avoués de la saine médecine ; je vais plus loin, leurs inspirations tiennent du génie qui animait Hippocrate (1).

« Combien de maladies dont les causes sont ignorées, les symptômes trompeurs, et le siége incertain ! Et dès-lors sur quelles bases asseoir un traitement rationnel ?

« Combien de doutes en médecine ! et l'on sait encore que ceux qui doutent sont les plus sages. Ici la nature de la maladie échappe ; là, c'est le traitement, et quelquefois l'un et l'autre. Ferai-je le tableau des maladies qui sont le désespoir des praticiens, qui s'aggravent de jour en jour, s'exaspèrent par les médicamens, et passent pour incurables ? Pour ne parler que des plus simples, ne voit-on pas des syphilis héréditaires ou acquises, les scrophules, les squirres ou cancers internes, la goutte, les coliques chez les femmes, la coqueluche, la céphalalgie, résister aux efforts le plus habilement dirigés de la thérapeutique ? Comment reconnaître avec certitude une disposition prochaine

---

(1) Ce que dit ici M. Foissac peut être vrai des somnambules qu'il a faits lui-même ; mais il ne se rencontre que trop souvent des somnambules qui tombent dans de graves erreurs.

à la phthisie, certains anévrismes internes;
ceux de l'aorte, par exemple; les affections
organiques du foie, de la rate, de la matrice?
Quelle nomenclature de maladies intraitables
que ces névroses, l'épilepsie, la manie, l'hy-
drophobie, les convulsions, la paralysie, l'as-
thme, l'hystérie, souvent confondues avec des
phlegmasies ou des lésions organiques! et quel
triomphe pour le magnétisme, s'il est vrai que
les somnambules dissipent l'obscurité qui en-
veloppe leur diagnostic, et jettent sur leur
traitement une lumière consolante!

« Quoique ce soit promettre beaucoup, je
n'hésite point à le faire. Il n'est pas de maladie
aiguë ou chronique, simple ou compliquée, je
n'en excepte aucune de celles qui ont leur
siége dans l'une des trois cavités splanchniques,
que les somnambules ne puissent découvrir et
traiter convenablement; car il n'en est pas de
même de celles qui siégent aux membres et à
la surface du corps, si elles n'excitent une
réaction générale et ne troublent aucune
fonction essentielle.

« Déja un grand nombre de fois, j'ai fait
une heureuse application du magnétisme animal au traitement de maladies qui jusqu'alors
avaient été méconnues ou regardées comme

incurables; je m'en suis aidé avec le même succès dans les maladies ordinaires connues par leurs symptômes, leur marche, et leur terminaison ; et j'ai toujours observé que les indications fournies par les somnambules étaient pleines de sagacité, de précision et de certitude.

« Il n'est pas nécessaire, messieurs, d'insister davantage sur l'utilité du magnétisme animal ; il s'agit maintenant d'en prouver la réalité, et de vous présenter les somnambules lisant dans la structure intime des organes les plus cachés. Prenez en ville, au bureau central, ou dans les hospices, trois ou cinq maladies des plus franches et des plus caractérisées ; elles formeront le sujet d'une première épreuve : vous ferez choix, pour la seconde, des plus compliquées et des plus obscures : les somnambules, j'en réponds, feront briller leur sagacité en raison des difficultés. Sans adresser de questions qui puissent les éclairer, ils indiqueront la nature de la maladie, son siége, son étendue, sa marche ordinaire, les chances d'une terminaison heureuse ou funeste, et le traitement le plus approprié. Ces expériences seront renouvelées autant de fois qu'il conviendra pour vous donner une entière conviction;

des commissaires nommés par vous en suivront les détails, vous en feront leur rapport, auquel j'ajouterai le mien. Si vous n'êtes pas satisfaits de leurs opérations, vous en choisirez d'autres; si j'avais à me plaindre d'eux, j'aurais aussi la faculté d'en désigner. La vérité ne saurait échapper à des recherches aussi rigoureuses.

« Après deux années d'épreuves journalières faites dans les circonstances les plus favorables, et qui tendent non-seulement à me confirmer dans mes premiers résultats, mais encore à les multiplier, je me prononce ouvertement en faveur du magnétisme. Le vœu des gens éclairés qui furent témoins de mes expériences, et, par-dessus tout, le besoin de propager les bienfaits de cette grande découverte, tout enfin me porte aujourd'hui à venger le magnétisme de l'oubli et du dédain qui le poursuivent encore. Pour l'élever au rang qu'il doit occuper parmi les sciences d'observation, c'est à vous, messieurs, que j'adresse un premier mémoire; à vous qui avez dérobé tant de secrets à la nature, que la reconnaissance des hommes a ennoblis de toutes les illustrations dues au mérite, au travail, au courage, et qui devez les premiers dire à vos concitoyens : Voilà une erreur, nous la proscrivons; voilà une vérité, elle devient notre partage, nous l'adoptons. »

Dans sa séance du 11 octobre 1825, l'Académie entendit la lecture de ce mémoire. Il s'engagea, à cette occasion, une discussion assez vive :

« M. Marc croit que l'Académie doit s'occuper de l'examen du magnétisme animal, soit pour en constater l'existence, soit pour en proclamer la fausseté. Il est d'autant plus urgent de prendre cette décision, que la pratique du magnétisme a été abandonnée jusqu'ici à des gens pour la plupart étrangers à la médecine et à des charlatans. Il demande donc qu'une commission soit chargée de faire un rapport à l'Académie sur ce sujet. Plusieurs membres appuient avec empressement la proposition de M. Marc.

« M. Renaudin s'y oppose formellement, disant que le magnétisme animal est enterré depuis long-temps. Un membre partage l'avis de M. Renaudin.

« M. le président fait observer que, l'Académie n'étant nullement préparée à la proposition qu'on vient de lui faire, il serait peut-être à propos de nommer seulement une commission chargée de faire un rapport sur la question de savoir *s'il convient que l'Académie s'occupe du magnétisme animal.* Cette dernière proposition est mise aux voix, et adoptée à une grande majorité. MM. Renaudin, Marc, Husson, Adelon et Pariset, sont nommés commissaires. M. Renaudin refuse de faire partie de la commission. M. Leroux (l'ancien doyen de la Faculté) lui est substitué. » (*Extrait du Journal des Débats, 16 octobre 1825.*)

M. Burdin a été depuis définitivement nommé à la place de M. Renaudin.

Le 13 décembre suivant, la commission fit son rapport, par l'organe de M. Husson, qui avait été nommé rapporteur. Voici le rapport, tel qu'il a été imprimé dans le *Globe* (samedi, 17 décembre 1825), et dans l'*Étoile* (18 et 19 décembre).

« Avant de prendre une détermination sur l'objet de la lettre écrite par M. Foissac, vous avez desiré être éclairés sur la question de savoir s'il était convenable que l'Académie soumît à un nouvel examen une question scientifique jugée et frappée de réprobation, il y a quarante ans, par l'Académie des sciences, la Société royale de médecine et la Faculté de médecine ; poursuivie depuis cette époque par le ridicule ; enfin abandonnée ou plutôt délaissée

par plusieurs de ses partisans; puis pratiquée
de nouveau par des personnes bienfaisantes
ou par des médecins, desireux de juger par
eux-mêmes les phénomènes qu'on leur annonçait être produits par ce nouvel agent. Pour
mettre la Section à même de prononcer dans
cette cause, la commission a cru devoir com-
parer les renseignemens qu'elle a pu recueillir
sur les expériences faites par ordre du Roi, en
1784, avec les ouvrages publiés en dernier
lieu sur le magnétisme animal, et avec les expériences dont plusieurs de ses membres et
plusieurs d'entre vous ont été les témoins. »

§ I.

La commission établit d'abord que, quand
bien même les travaux modernes ne seraient
que la répétition de ceux qui furent jugés au-
trefois par les corps savans, un nouvel examen
pourrait cependant encore être utile, parceque,
dans cette affaire du magnétisme animal, on
peut comme dans toutes celles qui sont soumises aux jugemens de la faible humanité, en
appeler des décisions prises par nos devanciers
à un nouvel et plus rigoureux examen. Et quelle
science plus que la médecine a été sujette à

ces variations qui en ont si souvent changé les doctrines? Ici, M. le rapporteur rappelle tant les opinions de différens corps savans que les jugemens portés contre l'émétique, la circulation du sang, l'inoculation de la variole; et il n'oublie pas même cet arrêt presque burlesque de la Faculté en faveur des larges perruques dont les anciens docteurs avaient coutume de charger leurs têtes : *ergo coma addititia nativá salubrior.* De ces différens jugemens, dont le dernier surtout a excité l'hilarité de l'assemblée, M. Husson tire la conséquence que l'Académie ne pourrait se dispenser de soumettre la question de l'existence du magnétisme animal à un nouvel examen, même dans la supposition où, comme dans les cas précédens, l'objet à juger serait identiquement semblable à celui sur lequel il a déja été prononcé.

§ II.

Mais il n'en est point ainsi ; et, après avoir fait quelques observations sur la manière dont le jugement fut rendu et sur les négligences que l'on a reprochées aux commissaires, M. Husson prouve que, depuis le célèbre rapport de Bailly, la théorie adoptée, les procédés em-

ployés et les effets obtenus, tout a complètement changé dans les traitemens magnétiques.

En effet, la théorie ancienne consistait à
admettre l'existence d'un fluide universel qui
était le moyen d'une influence mutuelle entre
les corps célestes, la terre et les corps animés,
et qui, fixé par des procédés particuliers dans
les corps vivans, pouvait être considéré comme
un remède universel, propre à prévenir ou à
guérir toute espèce de maladie. Dans cette
théorie, on reconnaissait particulièrement dans
le corps humain des propriétés analogues à
celles de l'aimant; on y distinguait des pôles
également divers et opposés, etc. (1).

Aujourd'hui, les personnes qui ont écrit sur
le magnétisme animal n'admettent point l'existence ni l'action de ce fluide universel, ni cette
influence mutuelle entre les corps célestes, la
terre et les corps animés, ni ces pôles, ni ces
courans, etc. Presque tous se bornent à attribuer les phénomènes qu'ils observent et les

---

(1) Cette théorie erronée, dont Mesmer voulut se
faire croire l'inventeur, avait été puisée par lui mot à
mot dans les écrits de Paracelse, Vanhelmont, Kircher,
Santanelli et surtout Maxwel. Voy. *Recherches et Doutes
sur le Magnétisme animal*, par M. *Thouret*.

guérisons qu'ils disent obtenir à un fluide particulier qui existe dans tous les individus, mais
qui ne se secrète et n'en émane que sous l'influence de la volonté de celui qui veut en im-
prégner, pour ainsi dire, un autre individu ;
c'est par cet acte de sa volonté qu'il met ce
fluide en mouvement, le dirige, le fixe à son
gré. « Voilà donc une première différence,
poursuit M. le rapporteur, et qui a paru à votre
commission d'autant plus digne d'examen, que
les travaux de M. Bogros, ainsi que l'opinion
de Reil, d'Autenrieth et de M. de Humboldt,
paraissent donner la certitude non seulement
de l'existence d'une circulation nerveuse, mais
même de l'expansion au dehors de ce fluide
circulant, expansion qui a lieu avec une force
et une énergie qui forment une sphère d'acti-
vité semblable à celle des corps électrisés.

« Si de la théorie du magnétisme animal nous
passons aux procédés, nous verrons encore
une différence totale entre ceux dont se ser-
vaient Mesmer, Deslon, etc., et ceux qui sont
mis en usage aujourd'hui ; à l'usage du baquet,
à l'emploi de pressions mécaniques, aux traitemens publics, ont succédé des procédés
beaucoup plus simples, en apparence absolument insignifians, et où le magnétisé n'est plus

donné en spectacle, les magnétiseurs ne souf-
frant plus auprès de leurs malades qu'un très
petit nombre de parens ou d'amis intimes.

« Sous le rapport des effets obtenus, le magnétisme moderne diffère peut-être plus encore
du magnétisme du temps de Mesmer.

« Les anciens commissaires du Roi nous disent
que, dans les expériences dont ils ont été témoins, « les malades offrent un tableau très
« varié par les différens états où ils se trouvent.
« Quelques-uns sont calmes, tranquilles et
« n'éprouvent rien; d'autres toussent, crachent,
« sentent quelque légère douleur, une chaleur
« locale ou universelle, et ont des sueurs;
« d'autres sont tourmentés et agités par des
« convulsions; ces convulsions sont extraor-
« dinaires par leur durée et leur force. Dès
« qu'une convulsion commence, plusieurs au-
« tres se déclarent. Les commissaires en ont
« vu durer plus de trois heures.... Rien n'est
« plus étonnant, ajoutent-ils, que le spectacle
« de ces convulsions. Quand on ne l'a point
« vu, on ne peut s'en faire une idée, et en le
« voyant, on est également surpris et du repos
« profond d'une partie de ces malades et de
« l'agitation qui anime les autres... On ne peut
« s'empêcher de reconnaître à ces effets cons-

« tans une grande puissance qui agite les ma-
« lades, qui les maîtrise, et dont celui qui
« magnétise semble être le dépositaire. Cet
« état convulsif est improprement appelé *crise*
« dans la théorie du magnétisme animal. »

« Aujourd'hui il n'y a plus de convulsions. Si quelque mouvement nerveux se déclare, on cherche à l'arrêter, et on prend toutes les précautions possibles pour ne point troubler les personnes soumises à l'action du magnétisme animal. Mais si on n'observe plus ces crises, ces cris, ces plaintes, ce spectacle de convulsions que les commissaires avouent être si extraordinaire, on a, depuis la publication de leur rapport, observé un phénomène que les magnétiseurs disent tenir presque du prodige : votre commission veut parler du somnambulisme produit par l'action magnétique, qui paraît avoir été observé, pour la première fois, par M. Puységur, à sa terre de Busancy. M. le rapporteur parle ensuite, avec de grands éloges, de l'excellent ouvrage de M. Deleuze, et cite, d'une manière très honorable, parmi les médecins qui ont observé le somnambulisme et qui ont rendu leurs observations publiques, M. Bertrand qui s'en est spécialement occupé dans les cours qu'il a faits publiquement à Paris, pendant les années 1819, 1820, 1821, et qui, en 1822, a publié ses observations dans son *Traité du Somnambulisme*. Avant la publication de l'ouvrage de M. Bertrand, poursuit M. Husson, notre estimable, laborieux et modeste collègue, M. Georget, avait analysé, en 1821, cet étonnant phénomène d'une manière véritablement philosophique et médicale, dans son important ouvrage intitulé : *De la Physiologie du système nerveux.* C'est dans cet ouvrage, ainsi que dans l'excellent traité du docteur Bertrand, et dans le travail de M. Deleuze, que vos commissaires ont puisé les notions suivantes sur le somnambulisme. » Ici M. Husson fait l'énumération des facultés merveilleuses qu'on dit caractériser cet état intéressant.

« Lorsque le magnétisme produit le som-
« nambulisme, l'être qui se trouve dans cet
« état acquiert une extension prodigieuse dans
« la faculté de sentir. Plusieurs de ses organes
« extérieurs, ordinairement ceux de la vue et
« de l'ouïe, sont assoupis, et toutes les opéra-
« tions qui en dépendent s'opèrent intérieure-
« ment.—Le somnambule a les yeux fermés,
« et ne voit pas par les yeux ; il n'entend point
« par les oreilles ; mais il voit et entend mieux
« que l'homme éveillé.—Il ne voit et n'entend

« que ceux avec lesquels il est en rapport. Il
« ne voit que ce qu'il regarde, et ordinaire-
« ment il ne regarde que les objets sur les-
« quels on dirige son attention.—Il est soumis
« à la volonté de son magnétiseur pour tout
« ce qui ne peut lui nuire, et pour tout ce
« qui ne contrarie point en lui les idées de
« justice et de vérité.—Il sent la volonté de son
« magnétiseur.—Il aperçoit le fluide magné-
« tique.—Il voit ou plutôt il sent l'intérieur de
« son corps et celui des autres; mais il n'y
« remarque ordinairement que les parties qui
« ne sont pas dans l'état naturel, et qui trou-
« blent l'harmonie.—Il retrouve dans sa mé-
« moire le souvenir des choses qu'il avait ou-
« bliées pendant la veille.—Il a des prévisions
« et des pressensations qui peuvent être erro-
« nées dans plusieurs circonstances, et qui
« sont limitées dans leur étendue.—Il s'énonce
« avec une facilité surprenante.—Il n'est point
« exempt de vanité. — Il se perfectionne de
« lui-même pendant un certain temps, s'il est
« conduit avec sagesse.—Il s'égare s'il est mal
« dirigé.—Lorsqu'il rentre dans l'état naturel,
« il perd absolument le souvenir de toutes les
« sensations et de toutes les idées qu'il a eues
« dans l'état du somnambulisme, tellement

« que ces deux états sont aussi étrangers l'un
« à l'autre que si le somnambule et l'homme
« éveillé étaient deux hommes différens. »

« Souvent, continue M. Husson, on est parvenu, pendant ce singulier état, à paralyser, à fermer entièrement les sens aux impressions extérieures, à tel point qu'un flacon, contenant plusieurs onces d'ammoniaque concentrée, était tenu sous le nez pendant cinq, dix, quinze minutes ou plus, sans produire le moindre effet, sans empêcher aucunement la respiration, sans même provoquer l'éternument (1) ; à tel point que la peau était également d'une insensibilité complète lorsqu'on la pinçait de manière à la faire devenir noire ; bien plus, elle était absolument insensible à la brûlure du moxa, à la vive irritation déterminée par l'eau chaude très chargée de racine de moutarde : brûlure et irritation qui étaient vivement senties et extrêmement douloureuses, lorsque la peau reprenait sa sensibilité normale (2).

---

(1) *Voyez* ci-dessus les expériences de M. Margue, à la Salpêtrière, pag. 100.

(2) *Voyez* les détails de ces expériences ci-dessus, pag. 91. M. Husson lui-même a été témoin de la plupart de ces expériences, soit à l'Hôtel-Dieu, soit à la Salpê-

« Certes, messieurs, tous ces phénomènes, s'ils sont réels, méritent bien qu'on en fasse une étude particulière ; et c'est précisément parceque votre commission les a trouvés tout-à-fait extraordinaires, et jusqu'à présent inexpliqués, nous ajouterons même incroyables quand on n'en a pas été témoin, qu'elle n'a pas balancé à vous les exposer, bien convaincue que, comme elle, vous jugerez convenable de les soumettre à un examen sérieux et réfléchi. Nous ajouterons que les commissaires du Roi n'en ayant pas eu connaissance, puisque le somnambulisme ne fut observé qu'après la publication de leur rapport, il devient instant d'étudier cet étonnant phénomène, et d'éclaircir un fait qui unit d'une manière si intime la psycologie à la physiologie ; un fait qui, s'il est exact, peut jeter un si grand jour sur la thérapeutique.

« Et s'il est prouvé, comme l'assurent les observateurs modernes, que, dans cet état de

---

trière. Ce n'est sans doute que par une extrême impartialité, et pour n'influencer en rien la décision de ses collègues, qu'il a évité de déclarer ouvertement sa propre conviction sur ces différens points, et de rappeler des faits qui lui sont personnels..

somnambulisme dont nous venons de vous exposer analytiquement les principaux phénomènes, les personnes magnétisées aient une lucidité qui leur donne des idées positives sur la nature de leurs maladies, sur la nature des affections des personnes avec lesquelles on les met en rapport, et sur le genre de traitement à opposer dans ces deux cas; s'il est constamment vrai, comme on prétend l'avoir observé, en 1820, à l'Hôtel-Dieu de Paris, que pendant ce singulier état la sensibilité soit tellement assoupie que l'on puisse impunément cautériser les somnambules (1); s'il est également vrai que, comme on assure l'avoir vu à la Salpêtrière en 1821, les somnambules jouissent d'une prévision telle que des femmes, bien connues et traitées depuis long-temps comme épileptiques, aient pu prédire, vingt jours d'avance, le jour, l'heure, la minute où l'accès épileptique devait leur arriver, et arrivait en effet; enfin, s'il est également reconnu par les mêmes magnétiseurs que cette singulière

---

(1) Ce fait, que M. Husson ne présente ici que comme une supposition, est entièrement mis hors de doute par les expériences de M. Robouam, rapportées ci-dessus, et par le certificat qui les accompagne. (*Voy.* pag. 93.)

faculté peut être employée avec avantage dans la pratique de la médecine, il n'y a aucune espèce de doute que ce seul point de vue mérite l'attention et l'examen de l'Académie.

« Aux considérations précédentes, toutes prises dans l'intérêt de la science, M. le rapporteur en joint d'autres qu'il puise dans l'amour-propre national. Les médecins français doivent-ils rester étrangers aux recherches que font sur le magnétisme les médecins du nord de l'Europe ? Dans presque toutes ces contrées, le magnétisme animal est étudié et exercé par des hommes fort habiles, très peu crédules ; et si son utilité n'y est pas généralement reconnue, du moins sa réalité n'y est pas mise en doute. Ce ne sont plus seulement des enthousiastes qui donnent des théories ou qui racontent des faits, ce sont des médecins et des savans d'un ordre distingué.

« En Prusse, M. Hufeland, après s'être prononcé contre le magnétisme animal, s'est rendu à ce qu'il appelle l'évidence, et s'en est déclaré le partisan. A Berlin, M. Wolfart ; à Francfort, M. Passavent ; à Groningue, M. Baker ; à Vienne, le docteur Malfatti ; à Pétersbourg, M. Stoffreshen, premier médecin de l'impératrice de Russie ; près de Moscou, M. le comte Panin, ont admis, pratiqué et propagé le magnétisme animal avec plus ou moins de succès. A Stockholm, on soutient pour le grade de docteur en médecine des thèses sur le magnétisme animal, comme on en soutient dans toutes les universités sur les diverses parties de la science. Resterons-nous en arrière des peuples du Nord, messieurs? n'accorderons-nous aucune attention à un ensemble de phénomènes qui a fixé celle des peuples que nous avons le noble orgueil de croire en arrière de nous pour la civilisation et pour l'avancement dans les sciences? Votre commission vous connaît trop pour le craindre.

« Enfin, n'est-il pas déplorable que le magnétisme animal s'exerce, se pratique pour ainsi dire sous vos yeux par des gens tout-à-fait étrangers à la médecine, par des femmes que l'on promène clandestinement dans Paris, par des individus qui semblent faire un mystère de leur existence?

« Nous ajouterons, messieurs, que par le mode de votre institution vous devez connaître de tout ce qui peut avoir rapport à l'examen des remèdes extraordinaires, et que, ce qu'on nous annonce du magnétisme ne fût-il qu'une jonglerie imaginée par les charlatans pour

tromper le public, il suffit que votre surveillance soit avertie pour que vous ne balanciez
pas à user d'une de vos plus honorables pré-
rogatives.

« En se résumant, messieurs, la commission
pense :

« 1° Que le jugement, porté en 1784 par les
commissaires chargés par le Roi d'examiner le
magnétisme animal, ne doit en aucune manière
vous dispenser de l'examiner de nouveau, parceque en médecine un jugement quelconque
n'est point une chose absolue, irrévocable; et
parceque les expériences d'après lesquelles ce
jugement a été porté paraissent avoir été faites
sans ensemble, sans le concours simultané et
nécessaire de tous les commissaires, et avec
des dispositions morales qui devaient, d'après
les principes des faits qu'ils étaient chargés
d'examiner, les faire complètement échouer;

« 2° Que le magnétisme jugé ainsi en 1784,
diffère entièrement par la théorie, les procédés
et les résultats, de celui que des observateurs
exacts, probes, attentifs, que des médecins
éclairés, laborieux, opiniâtres, ont étudié dans
ces dernières années;

« 3° Qu'il est de l'honneur de la médecine
française de ne pas rester en arrière des méde-

cins de l'Allemagne dans l'étude des phénomènes que les partisans éclairés et impartiaux
du magnétisme annoncent être produits par ce
nouvel agent;

« 4°. Qu'en considérant le magnétisme comme
un remède secret, il est du devoir de l'Académie de l'étudier, de l'expérimenter, afin
d'en enlever l'usage et la pratique aux gens
tout-à-fait étrangers à l'art, qui en font un objet
de lucre et de spéculation.

« D'après toutes ces considérations, votre
commission est d'avis que la Section doit accepter la proposition de M. Foissac; et charger une commission spéciale de s'occuper de
l'étude et de l'examen du magnétisme animal. »

Malgré l'étendue de ce rapport, et quoique
l'heure fût déja avancée, l'Académie a prêté
jusqu'à la fin l'attention la plus soutenue à l'in-
téressante lecture de M. Husson; elle a remis
à une séance prochaine la discussion du rapport et de ses conclusions.

Dans la séance du 27 décembre 1825, on a
communiqué à l'Académie plusieurs lettres de
personnes qui proposent de faire des expériences sur le magnétisme, ou de se soumettre
elles-mêmes aux expériences. On a particuliè-

rement remarqué celle d'un avocat qui se présente comme étant lui-même somnambule.

Une grande partie de la séance ayant été remplie par des objets étrangers à la question du magnétisme, la discussion sur le rapport est encore ajournée à la séance suivante.

Séance du 10 janvier 1826.

La discussion s'engage enfin dans la séance du 10 janvier 1826. Elle avait attiré un grand concours d'auditeurs : les places destinées au public ne suffisant pas pour les contenir tous, on est obligé de les faire entrer dans l'enceinte même réservée aux académiciens.

Un grand nombre de membres s'étaient fait inscrire pour parler pour ou contre la proposition de la commission.

M. *Desgenettes*, inscrit le premier, parle contre les conclusions du rapporteur. Il accuse la commission d'avoir tendu un piége à l'Académie, en faisant un rapport tout favorable au magnétisme. Il pense que la question a été suffisamment jugée en 1784; que la doctrine actuelle des magnétiseurs ne renferme rien de nouveau que des miracles absurdes et impossibles; il prétend que les savans étrangers que l'on a cités en faveur du magnétisme sont loin d'avoir, dans leur pays même, l'autorité qu'on leur accorde (*laudantur ubi non sunt*), et que d'ailleurs c'est aussi de l'Allemagne que nous sont venus les rêveries de Kant, les miracles de Hohenlohe, etc. « Le rapport, dit-il, a fait beaucoup de mal, en relevant les espérances des partisans du magnétisme, et a *porté le trouble dans la tête de la génération médicale naissante,* à laquelle on veut persuader qu'il est désormais inutile de lire et de faire des recherches ; il ne restera plus bientôt qu'à suspendre nos cours et à fermer nos écoles, en attendant qu'on les démolisse. »

M. *Virey*, tout en appuyant les conclusions du rapporteur, eût voulu que la commission, en proposant à l'Académie de s'occuper du magnétisme, se prononçât ouvertement sur les jongleries qui le déshonorent ; qu'elle l'étudiât en physiologiste, pour découvrir les rapports du somnambulisme magnétique avec le somnambulisme naturel, la catalepsie, l'extase, l'hypocondrie ; pour rattacher ses effets à l'action des animaux électriques, des oiseaux de proie, etc. ; pour en suivre les traces dans l'histoire. Mais il n'en croit pas moins que l'Académie ne peut refuser de s'occuper de la question qui lui est déférée. « Les magnétiseurs, dit-il, tireraient un trop grand avantage de ce qu'ils regarderaient, à bon droit, comme un déni de justice. »

M. *Bally*, après avoir rappelé l'impression profonde faite sur l'assemblée par le rapport, qui faillit, dit-il, *faire retentir la salle des séances d'applaudissemens inaccoutumés*, et qui valut à son auteur la nomination de vice-président de l'Académie (1), avoue qu'il admet sans difficulté la possibilité du magnétisme animal; il s'est même senti fortement disposé à y croire, après les expériences de MM. Arago et Ampère, qui, ayant imprimé un mouvement circulaire à un disque aimanté au-dessus d'une aiguille de cuivre enfermée dans une boîte, sont parvenus à déterminer dans l'aiguille un mouvement rotatoire. Mais ayant voulu s'occuper du magnétisme, il n'a trouvé dans les livres que l'on a publiés sur ce sujet que de l'exagération, de l'ignorance, de la fourberie; il pense enfin que le magnétisme n'est rien; que les commissaires que l'on nommerait, nouveaux Bellérophons, ne combattraient qu'une

______

(1) M. Husson avait été nommé vice-président à la séance du 27 décembre précédent.

Chimère. Il rapproche le magnétisme de la magie, les somnambules des sibylles et des oracles. Il espère que bientôt les somnambules interprèteront mieux Homère et Virgile que les Dacier et les Binet; il craint que les magnétiseurs, exerçant à distance leur pouvoir illimité, n'ébranlent les trônes de la Chine et du Japon. Puis, admettant par une contradiction palpable l'action du magnétisme qu'il avait niée jusque-là, il prétend que rien n'est plus dangereux pour les mœurs, et qu'il faudrait des *magnétiseurs jurés*, comme des interprètes jurés. Il termine, en détournant l'Académie de s'occuper d'un sujet qui, étant flétri par le ridicule, ne pourrait que nuire à la considération qui est l'ame des sociétés savantes.

M. *Orfila* défend le rapport.

En votant comme la commission, il croit servir l'intérêt de l'Académie, qui se déshonorerait en reculant devant l'examen proposé.

On ne peut refuser d'examiner le magnétisme que par trois raisons : ou cet examen n'a pas été provoqué, ou le magnétisme n'est qu'une jonglerie, ou les commissions ne servent à rien et ne peuvent faire avec succès des expériences.

Mais, 1°. l'Académie a été suffisamment provoquée et par la lettre de M. le D. Foissac, et par le rapport de M. Husson, et par l'article inséré par M. Rostan dans le nouveau Dictionnaire de Médecine, et par diverses propositions faites depuis peu à l'Académie, au sujet du magnétisme.

2°. Le magnétisme ne peut être une jonglerie, quand on le voit annoncé et pratiqué par des hommes respectables, par des membres même de cette Académie. On me fera bien la grace, dit M. Orfila, de penser que je ne crois pas à tous les miracles que l'on raconte des somnambules; mais j'admets volontiers l'effet thérapeutique du magnétisme. M. Rostan, un de nos collègues, assure avoir vu des effets, tantôt bons, tantôt nuisibles, résulter de l'administration du magnétisme; il a cité des faits et de nombreuses expériences faites par lui. Il faut que l'Académie les examine, ou qu'elle déclare que M. Rostan en a imposé.

Pourquoi rejetterait-on ces faits? Est-ce parce qu'ils sont nouveaux et extraordinaires? Mais combien de faits non moins extraordinaires en physique? Si avant les belles découvertes de Franklin, quelqu'un était venu vous dire : « Je vais placer sur votre maison une aiguille de fer, et, par là, je la garantirai de la foudre, » ne l'auriez-vous pris pour un fou ou un imposteur?

3°. Dira-t-on enfin que les commissions sont inutiles? Elles le sont en effet quand on charge tous les commissaires de suivre en commun les expériences, parceque tous se reposant les uns sur les autres, se dispensent du travail. Elles seront au contraire très utiles, si vous chargez les commissaires de faire, chacun de leur côté, des expériences, et d'en rendre compte à l'Académie.

En terminant, M. Orfila montre combien il est important pour l'intérêt de la société entière que l'Académie s'occupe du magnétisme et du somnambulisme, ne fût-ce que pour en signaler les abus. Il cite à ce sujet une jeune fille qui a été victime des consultations d'une prétendue somnambule.

M. *Double* accuse le rapport de ne renfermer, depuis le commencement jusqu'à la fin, que l'apologie du magnétisme.

Il justifie la condamnation prononcée par les illustres commissaires de 1784. Il nie que la question ait changé de face depuis ce temps-là : le langage seul de la secte a changé. Répondant à l'argument tiré de l'exemple des pays du Nord, et particulièrement de l'Allemagne, il fait remarquer que c'est de ce pays que nous est venue une foule d'erreurs, tant en philosophie qu'en médecine, et parmi ces dernières, il rappelle la *stupidité du mécanisme antique*. Que ne suit-on plutôt l'exemple de l'Angleterre, qui ne s'est jamais occupée de ce sujet?

Il voudrait que la Section, qui n'a pas reçu à cet égard d'invitation du gouvernement, *n'allât pas d'elle-même au-devant d'un sujet qui attire le ridicule sur ceux qui s'en occupent.*

Il s'est occupé du magnétisme animal, il y a dix-huit ou vingt ans, et il reste bien convaincu que depuis Mesmer et Deslon jusqu'à Faria et Doppet, tout dans les effets qu'on en raconte n'est qu'illusion ou déception. Quand même il aurait vu les effets que l'on annonce, il n'y croirait pas encore.

Quant à la théorie, M. Deleuze comme M. Rostan, n'en ont présenté aucune qui fût susceptible de soutenir un examen sérieux.

D'ailleurs, les corps académiques ne sont point destinés à faire des expériences; leur rôle est d'intervenir quand il y a un certain nombre de faits rassemblés, pour les apprécier et les juger. Ils doivent laisser aux particuliers les dangers des illusions, qui n'ont pas pour eux les mêmes inconvéniens. La Section s'occupera du magnétisme comme de toute autre chose ; mais ne nommera point pour l'étudier une commission, parcequ'il n'entre point dans ses attributions d'en nommer une.

Au surplus, les principes mêmes des partisans du magnétisme s'opposent à l'examen qu'ils réclament. M. Double cite à l'appui de cette assertion plusieurs passages de M. Deleuze, sur la difficulté qu'éprouvent les savans à se mettre dans des conditions favorables pour la production des faits.

Il cite de plus quelques lignes de M. Rostan, sur les dangers qui peuvent résulter de l'administration inconsidérée du magnétisme, et il rapproche de ce passage un chapitre de Maxwel, *de mediciná magneticá*, qui a eu les mêmes idées dans le dix-septième siècle. Il vote contre la formation d'une commission.

M. *Laennec* a tenté des expériences sur le magnétisme, avec des dispositions favorables, et n'a point été convaincu. Les neuf dixièmes des faits lui semblent n'être que l'effet de l'illusion, ou de la fraude. Supposant que les femmes seules sont susceptibles des effets du magnétisme, il explique les prétendus phénomènes que l'on en rapporte par le desir d'intéresser chez les femmes, et par le plaisir qu'ont

les hommes à exercer un ascendant. Il fait ensuite cette remarque, réellement importante,
de quelque manière qu'on l'interprète, que les
somnambules n'ont jamais montré en médecine
de connaissances supérieures à celles de leurs
magnétiseurs. Il rejette le rapport.

L'heure étant très avancée, on ajourne la
discussion.

Séance du 24 janvier.

A la séance du 24 janvier, l'auditoire était
encore plus nombreux qu'à la précédente.

M. *Chardel*, inscrit pour parler en faveur du
rapport, commence par se demander si l'Académie est réellement assez éclairée sur la question du magnétisme animal, et si chaque membre pourrait juger la main sur la conscience.

On trouve, dit-il, que l'admission de l'agent
reconnu par les magnétiseurs répugne à la raison; mais que peut donc présenter de si étrange
l'action d'un être vivant sur un autre à celui
qui a été témoin des merveilles de la pile gal-
vanique?

Le magnétisme animal, dit-on, peut être
dangereux. Raison de plus pour l'examiner.
D'ailleurs, en faisant cette objection, ceux qui
nient la réalité des phénomèmes magnétiques
tombent dans une contradiction palpable.

On reproche aux partisans du magnétisme animal de dire qu'il faut de la foi et de la volonté pour l'exercer. Mais quelle est celle de nos facultés dont nous puissions faire usage sans ces deux conditions?

Le fluide magnétique ne peut tomber sous aucun de nos sens : est-ce donc une raison pour soutenir qu'il n'existe pas? Depuis combien de temps ne dissèque-t-on pas des cerveaux, sans pouvoir obtenir aucune preuve de l'existence du fluide nerveux?

Au surplus, la réalité des phénomènes produits dans les traitemens magnétiques est incontestable, et on ne peut plus élever de discussion que sur la nature de l'agent qui les produit.

Au rang des phénomènes provoqués le plus constamment par l'action magnétique, M. Chardel place : 1°. un sommeil profond et prolongé, qui précède et suit constamment la production du somnambulisme ; 2°. l'exaltation des facultés intellectuelles; 3°. une perfection de la vue, qui permet au somnambule d'apercevoir le fluide magnétique ; 4°. la faculté d'acquérir des notions sur l'état des organes intérieurs.

Le magnétisme animal, qui aurait dû tomber dans l'oubli, après la condamnation portée contre lui en 1784, a pourtant, depuis cette époque, gagné dans l'opinion publique, et s'appuie aujourd'hui sur une masse de faits qu'il est impossible de révoquer en doute. On ne peut se dispenser d'examiner une doctrine qui, depuis quarante ans, résiste avec avantage à toutes les attaques dirigées contre elle. Comment expliquer d'ailleurs cette succession non interrompue de gens trompeurs ou trompés ?

M. *Rochoux*. « Ce que les partisans du *magnétisme animal* mettent aujourd'hui en avant, c'est le somnambulisme. Or, dans les somnambules, ils supposent l'existence de deux phénomènes principaux :

« 1°. La lucidité qui donne aux somnambules plusieurs connaissances merveilleuses ; 2°. la faculté d'être influencés par leurs magnétiseurs.

« Rien ne semble si facile au premier coup d'œil, que de constater si ces deux phénomènes existent ou n'existent pas. Mais les magnétiseurs supposent que la présence d'un incrédule suffit pour empêcher la manifestation de ces mêmes phénomènes ; et, par ce moyen, ils se ménagent une excuse trop facile en cas de non succès.

« Le magnétisme animal, réduit à sa plus

simple expression, n'offre rien qui mérite examen. Tout ce qu'il y a de réel en lui, c'est l'apparition de quelques phénomènes que le docteur Bertrand a rattachés à l'état d'extase, et qui seraient mieux placés dans la classe des hallucinations. »

M. Rochoux vote contre l'examen.

M. *Marc* rappelle qu'il a été le premier à demander que l'Académie examinât le magnétisme, et qu'il a eu l'honneur de faire partie de la commission. « Cependant, ajoute-t-il, ma « foi dans les merveilles du magnétisme n'est « pas non plus aussi robuste et aussi étendue « que quelques personnes pourraient l'ima- « giner. »

L'honorable membre laisse à M. Husson le soin de défendre le rapport de la commission, et se borne pour sa part à exposer ce qu'on pense du magnétisme en Allemagne et dans le Nord. Il s'afflige de voir figurer dans les sciences les démarcations géographiques; il pense que les Hufeland, les Ærstedt, les Klugge, les Klaproth, ne sont pas plus des thaumaturges ou des illuminés que les Franklin, les Bailly, les Lavoisier. Il cite un passage dans lequel Hufeland, rendant compte de l'état de la médecine en Allemagne, pendant l'année 1822, déclare que depuis qu'on étudie avec soin les phénomènes du magnétisme, ils ont plutôt gagné que perdu.

L'Académie des Sciences de Berlin, l'un des corps savans les plus distingués de l'Europe, a proposé, en 1820, un prix de 5,300 francs, pour le meilleur mémoire sur l'explication des phénomènes du magnétisme.

En 1817 (6 février), une ordonnance du roi de Prusse attribua aux seuls médecins le droit de pratiquer le magnétisme animal; et il fut enjoint à ceux qui s'en serviraient d'adresser tous les trois mois à un conseil supérieur un rapport sur leurs traitemens.

En Russie, on a également interdit (en 1815 et 1817, 14 janvier) à tout individu non médecin la pratique du magnétisme.

En Danemarck, nul ne peut magnétiser que sous la surveillance d'un médecin responsable.

Après avoir cité quelques autres faits du même genre, M. Marc en tire la conclusion que si l'Académie refuse d'examiner le magnétisme, au lieu de l'ordre qui règne légalement en Allemagne et dans le Nord relativement à cette pratique, nous aurons légalement aussi en France un désordre inévitable, puisque les médecins ne s'en occuperont pas de peur de s'exposer au blâme et au ridicule, et que les charlatans continueront de plus belle à l'exploiter à leur profit. Il vote pour qu'on nomme une commission permanente qui n'entreprendrait pas de faire par elle-même une suite d'expériences, mais qui se bornerait à constater celles dont on lui donnerait connaissance, et à étudier les différens ouvrages publiés sur ce sujet. Le discours de M. Marc paraît faire une très vive impression.

M. *Nacquart*, parlant contre les conclusions du rapport, s'attache à prouver en peu de mots que le magnétisme animal ne doit pas être examiné , parcequ'on ne saurait avoir prise sur lui. En effet, dit-il, il faudrait le juger avec nos connaissances acquises en physique, ou avec ce que nous savons de l'organisation humaine. Or, sous le point de vue physique, il ne ressemble en rien au véritable magnétisme (minéral) dont il a usurpé le nom, et il a été bien et dûment examiné en 1784; il ne reste rien à dire à ce sujet. Quant au point de vue physiologique, il suffit d'avoir entendu parler du somnambulisme et des facultés qu'on lui attribue , pour voir qu'il est impossible de le rattacher aux lois connues de l'organisme. L'Académie n'aurait donc aucune mesure, aucune règle, aucun moyen d'appréciation pour porter un jugement sur de semblables phénomènes. Donc il faut au moins ajourner la discussion.

M. *Itard* reproduit avec force les argumens déjà présentés pour prouver la nécessité de l'examen. Il ne conçoit pas que quand une personne nie un fait et qu'une autre offre de le montrer, on ne s'empresse pas de terminer le différend en le regardant.

Si le magnétisme a donné lieu à des abus, à des pratiques honteuses et funestes, c'est une raison de plus de s'en occuper.

Il est d'ailleurs impossible de supposer que tous les faits accumulés depuis quarante ans en sa faveur ne soient que des illusions ou des jongleries.

On parle de la dignité de l'Académie; mais il n'y a rien de plus *digne* d'un savant que d'apprendre ce qu'il ne sait pas.

On craint que l'Académie ne s'expose au ridicule; et qu'importe le ridicule quand on a la certitude d'agir dans l'intérêt de la science et de l'humanité? Avec la crainte du ridicule, on ne sortirait jamais du sentier battu.

D'ailleurs il y a ici nécessité, il y a force majeure. Si l'Académie refuse l'examen, elle se met volontairement dans la situation la plus embarrassante. Que fera-t-elle en effet si on lui envoie des mémoires et des observations sur ce sujet? Nommera-t-elle chaque fois une commission? mais cette commission, qu'elle soit composée de croyans, ou d'incrédules, ou de membres qui doutent, soit séparés, soit confondus, sera toujours incompétente; le hasard alors déciderait tout, une commission approuverait aujourd'hui ce qu'une autre désapprouverait demain. L'Académie repoussera-t-elle au contraire de semblables mémoires? mais comment osera-t-elle le faire après l'éclat de cette discussion, après que le scrutin aura montré un tiers au moins de ses membres votant pour l'examen. Et si quelqu'un de ces membres incrédules s'avisait un jour de faire la proposition de dénoncer à l'autorité le honteux abus des consultations de somnambules, que ferait l'Académie?

M. *Récamier* combat le rapport, parcequ'il ne voit aucune importance dans les phénomènes magnétiques. Il a vu la fameuse somnambule de M. de Puységur, dite *la maréchale;* mais on ne lui a pas permis de faire sur elle les expériences qui auraient pu l'éclairer sur l'existence des facultés qu'on lui attribuait. Il a vu plusieurs des expériences faites à l'Hôtel-Dieu, il y a quelques années. La demoiselle Samson avait été magnétisée et mise en somnambulisme par M. Dupotet, à travers une cloison; pour s'assurer de la réalité du somnambulisme, il la pinça au bras et à la cuisse, fit un bruit subit à ses oreilles et la souleva de sa chaise, sans réussir à la réveiller; mais, loin que le traitement magnétique ait sauvé cette fille, au moment où l'on publiait sa guérison, guérison jugée impossible par tous les hommes de l'art, elle rentrait dans les salles de l'Hôtel-Dieu, où elle est morte (1). M. Récamier a vu dans le même temps, à l'Hôtel-Dieu, un homme

----

(1) Le témoignage de M. Récamier, quelque désobligeans pour nous que soient les termes dans lesquels il l'a rendu à l'Académie, s'accorde avec ce que nous avons rapporté ci-dessus, page 36. Il termine aussi, quoique d'une manière bien triste, notre incertitude sur le sort de la pauvre fille dont nous avons entrepris le traitement. Nous sommes loin d'avoir proclamé, comme le prétend M. Récamier, une guérison radicale; on n'a qu'à relire es expressions dont nous nous sommes servis, pag. 67, 79, 88. Au reste, c'est tout au plus en 1823, c. à d. environ trois ans après son traitement, qu'est morte cette fille qui n'avait plus que quelques jours à vivre lorsque nous fûmes appelé en 1820.

mis en somnambulisme par un interne (M. Robouam) : il lui fit subir l'opération du moxa
(dont son état, au reste, permettait l'application), et le somnambule ne donna pas le plus
léger signe de douleur (1). M. Récamier n'a
jamais songé à nier ces faits. Il déclare qu'*il
croit à une action ;* mais il est convaincu que
cette action n'est pas curative ; d'ailleurs il a
vu deux fois les abus moraux les plus crians
résulter de son emploi ; enfin il ne croira jamais à la clairvoyance des somnambules. Au
surplus, comment parviendrait-on à composer
une commission ? les incrédules refuseraient
d'en faire partie ; pour lui, du moins, il rou-
girait de se faire magnétiser ; et les croyans
ne parviendraient pas à inspirer leur confiance
à la majorité. Il vote contre le rapport. Il consent cependant à ce que l'on accueille les observations qui seraient adressées à l'Académie.

M. *Georget* pose ces deux questions :

1°. *L'existence du magnétisme animal est-
elle au moins probable ? 2°. Convient-il que l'A-
cadémie examine le magnétisme animal ?*

La solution affirmative de la première de ces

____

(1) *Voyez* ci-dessus, pag. 93.

questions ne lui paraît pas entraîner celle de l'autre.

— « Depuis quarante ans, dit-il, le magnétisme est étudié, pratiqué, propagé, en France et dans une grande partie de l'Europe, par une multitude d'hommes instruits et désintéressés qui en proclament la vérité, malgré les traits du ridicule dont on a cherché vainement à les accabler. Chose bien étonnante ! le magnétisme n'est pas même connu de nom dans la classe ignorante ; c'est dans la classe éclairée qu'il se soutient ; ce sont des hommes qui ont reçu au moins quelque éducation qui ont pris en main sa cause ; et ce sont en partie des savans, des naturalistes, des médecins, des philosophes, qui ont composé les nombreux volumes où sont accumulés les faits qu'on peut aujourd'hui citer en sa faveur. Cependant on représente les magnétiseurs comme des ignorans, des imbécilles, dont le témoignage ne mérite aucune attention. Comment se fait-il alors que ces ignorans opèrent journellement la conversion d'hommes distingués, et que ceux-ci finissent, quand ils ont vu des faits, par devenir les plus zélés partisans d'une opinion si méprisable ? Il faut avouer qu'une erreur qui se propage de la sorte contre le cours ordinaire des choses suppose l'existence d'un nouveau genre d'*allucination*, dont il serait au moins très important d'examiner la cause. »

M. Georget, continuant de faire ressortir les probabilités qui existent en faveur des phénomènes contestés, fait de nouveau lecture d'un passage du *Rapport de Bailly* (en 1784), déja cité dans une séance précédente par M. Husson, et dans lequel Bailly, Lavoisier et leurs collègues, représentent comme très extraordinaires et très dignes d'attention les effets observés au traitement de Mesmer. Il mentionne ensuite les expériences récentes faites à l'Hôtel-Dieu par M. Dupotet, et en appelle au témoignage des médecins qui en furent témoins, et parmi lesquels se trouvent cinq ou six membres de l'Académie, qu'il cite nominativement. (Aucun n'élève de réclamation.) Il cite enfin le travail de M. Rostan dans le nouveau *Dictionnaire de Médecine*, et un article inséré récemment dans les *Archives médicales*, relativement à une guérison très remarquable opérée au moyen du magnétisme animal, sous les yeux de M. le professeur Fouquier. « M. Fouquier, ajoute-t-il, est présent, et il pourra affirmer la vérité de ces faits. Le rédacteur de l'article est M. Rattier, qui aujourd'hui affirme avoir été témoin des faits les plus merveilleux, lui qui, il y a quelques années, tançait vertement dans le même journal un médecin connu, parcequ'il croyait aux mêmes faits.

« Le somnambulisme, tel qu'on l'observe dans les traitemens magnétiques, se présente quelquefois spontanément dans la catalepsie et quelques autres affections nerveuses.

« On trouve les phénomènes du magnétisme animal inexplicables; mais depuis quand est-il permis de rejeter un fait, faute d'en savoir l'explication? Le doute d'abord, l'examen ensuite, telle est la marche de tout esprit sage, de tout homme qui n'est pas offusqué par des préjugés, et qui croit que la nature a encore des secrets pour lui.

« On crie au charlatanisme. Mais la conduite des magnétiseurs mérite-t-elle un pareil reproche? Un charlatan se cache, et fait mystère des moyens qu'il emploie; les magnétiseurs, au contraire, provoquent un examen, et répètent sans cesse : Faites comme nous, et vous obtiendrez les mêmes résultats. Parmi ceux qui croient au magnétisme, on ne trouve que des hommes qui ont vu, examiné, expérimenté : parmi leurs adversaires, on ne trouve guère que des gens qui nient ce qu'ils n'ont pas vu, ni voulu voir.

M. Georget, ayant ainsi établi que le magnétisme existe, passe à la question : *L'Académie doit-elle examiner le magnétisme ?* Il la résout par la négative.

« Les phénomènes du somnambulisme, dit-il, demandent, pour être saisis, une attention soutenue, un zèle et même un dévouement qu'on ne peut pas espérer de trouver dans une commission. Il est notoire qu'on a bien de la peine à réunir seulement une fois les membres qui composent les commissions qu'on nomme journellement. La commission nombreuse qu'on propose d'instituer se réunira-t-elle avec persévérance tous les jours, pendant plusieurs mois ? D'ailleurs il est de fait que les somnambules, tourmentés et tracassés par des observateurs ou par des personnes de mauvaise foi, sont troublés et même complétement désorganisés. (Vives acclamations.)

« L'Académie doit encourager l'examen du magnétisme animal, mais elle ne doit pas l'examiner elle-même.

M. *Magendie* a cherché inutilement à voir des phénomènes magnétiques. Il pense néanmoins qu'il faut examiner, et il ne se récusera pas si on le nomme membre de la commission. Il se propose même pour en faire partie. Mais il croit que l'Académie a pris une mauvaise route en élevant la question préalable qu'elle discute. Elle aurait dû, quand M. Foissac a fait sa proposition, nommer tout simplement des commissaires pour examiner les phénomènes qu'il pouvait avoir à présenter. M. Magendie vote en conséquence pour que l'on ne nomme pas une commission spéciale et permanente, mais seulement trois commissaires.

M. *Guersent* a vu et produit, par les procédés du magnétisme animal, des phénomènes sur la réalité desquels il n'a pu s'abuser, et dont la nature offre de fréquens exemples. Il n'a jamais produit le somnambulisme ; cependant il ne révoque pas en doute l'existence de cet état singulier. Répondant à l'objection tirée du ridicule : La médecine, dit-il, n'a-t-elle pas toujours été le point de mire des sarcasmes, et en a-t-elle en rien souffert? Les Purgon de Molière, les Sangrado de Le Sage ont-ils détruit un seul fait? Vous ne serez pas plus ridicules en examinant le magnétisme que ne l'ont été les Lavoisier, les Franklin, les Thouret, lors du premier examen. Il vote en faveur du rapport.

La discussion est de nouveau remise à une prochaine séance.

Séance du mardi 14 février 1826.

M. *Deleuze* adresse à l'Académie une *Lettre sur les meilleurs moyens à employer pour constater la réalité de l'action magnétique* (1).

M. *Adelon*, secrétaire de la section, donne lecture du passage suivant de cette lettre, p. 8 :

« Si le grand Newton revenait parmi nous, des jeunes gens de l'Ecole Polytechnique pourraient lui donner des notions nouvelles sur la théorie de la lumière ; mais, six mois après, ils s'honoreraient d'être ses élèves. Je puis de même indiquer à des hommes qui ont approfondi la physiologie une branche de cette science sur laquelle ils ont négligé de fixer leurs regards. Quand ils l'auront examinée, quand ils l'auront liée à l'ensemble de leurs connaissances, je les écouterai comme mes maîtres. »

M. *Amédée Dupau* fait hommage de ses

----

(1) Se trouve chez BECHET, libraire, place de l'Ecole-de-Médecine.

Lettres physiologiques et morales sur le magnétisme, adressées à M. Alibert.

On reprend la discussion sur la question de l'examen du *magnétisme animal*.

M. *Gasc* prétend que nommer une commission, ce serait abandonner le terrain du doute ; qu'examiner, ce serait déja une présomption en faveur de la doctrine des magnétiseurs ; que d'ailleurs l'examen ne terminerait rien, et que l'on appellerait toujours de la décision, quelle qu'elle fût. D'ailleurs que verra-t-on dans le magnétisme ? des convulsions, des attaques d'hystérie chez les femmes ; mais on sait que mille causes différentes peuvent reproduire ces accidens. M. Gasc est convaincu que tous les somnambules dont l'état n'est pas feint ne présentent que les phénomènes que lui a offerts une paysanne hystérique, qui parlait pendant ses accès, et oubliait ensuite tout ce qu'elle avait dit. Il parle de la fourberie des femmes qui font métier de donner des consultations, et des singulières illusions des somnambules. Il a vu à Charenton une prétendue somnambule qui puisait ses remèdes dans une pharmacopée qu'elle consultait à loisir ; à Paris, un enfant que son magnétiseur envoyait dans le Paradis, et qui disait y voir, auprès de Dieu, deux prophètes, et ces deux prophètes étaient Voltaire et Rousseau. (M. *François*, de sa place : Oui, oui ; c'est chez M. Chambellan). Il vote contre la formation de la commission.

M. *Lherminier* se déclare au contraire en faveur de l'examen. « Dans ma jeunesse, dit-il, lorsque je voulus me faire une idée du magnétisme animal, mes maîtres me renvoyèrent au jugement de Bailly et de Thouret. L'opinion de ces grands hommes était alors prépondérante, et je l'acceptai. Mais, depuis, de nouveaux phénomènes sont survenus pour lesquels les anciens jugemens ne peuvent plus être invoqués ; et, quand les jeunes gens me demandent ce qu'ils doivent penser du magnétisme animal, je ne sais que leur répondre. Je demande la formation d'une commission pour l'instruction de l'Académie comme pour la mienne. Craignons, en refusant d'examiner, de donner une nouvelle preuve de l'aveuglement de l'esprit de corps. »

M. *Salmade* demande que la discussion soit close. Cette proposition inattendue est vivement combattue ; un grand nombre de membres s'étaient encore fait inscrire ; nous nommerons, entre autres, MM. Castel, Adelon, Gueneau de Mussy, Ferrus, Capuron, Honoré.

Après de très vifs débats, la discussion est close.

M. *Husson*, rapporteur de la commission, a la parole. Dans un discours très étendu et très remarquable, il reproduit toutes les objections qui ont été faites contre son rapport, et les discute avec un soin infini. Il ne dédaigne pas même de répondre aux plaisanteries de ceux qui craignent de voir démolir les écoles, ou ébranler les trônes de la Chine et du Japon, et montre par son exemple que le ridicule est une arme qui peut facilement changer de mains.

Combattant pied à pied tous les adversaires de la proposition, il répond :

A M. Desgenettes, que le magnétisme n'a point été proscrit en 1784 ; que les phénomènes ont été admis, mais expliqués par des causes naturelles ; que d'ailleurs il est incontestable que tout a changé dans la théorie et les résultats ; que le somnambulisme magnétique est un fait tout nouveau ;

A M. Virey, que l'on ne pouvait rapprocher le magnétisme des phénomènes de la catalepsie, de l'électricité animale, etc., sans en supposer la réalité : ce qui est précisément la question ;

A M. Double, que, loin de faire, comme il s'en plaint, l'apologie du magnétisme, on s'est borné à copier les expressions du rapport de

1784, et à présenter comme conditionnelles les assertions des magnétiseurs ; que les savans dont on a invoqué l'autorité contre le magnétisme sont contrebalancés par ceux que l'on invoque pour ; que d'ailleurs, en fait de science , l'autorité] des hommes ne peut prévaloir contre les faits ; que les dangers du magnétisme sont une raison de plus de l'examiner ; que d'ailleurs tout offre ses dangers et ses abus , que la médecine a ses empiriques, ses médecins aux urines, ses renoueurs de membres, etc. ;

A M. Laennec, qu'en admettant que les neuf dixièmes des partisans du magnétisme soient des dupes ou des fripons, le dixième abandonné par lui est donc éclairé et de bonne foi, et qu'il faut examiner les faits attestés par ce dixième ;

A M. Nacquart, que, si les phénomènes du magnétisme sont insaisissables aujourd'hui, ils ne l'étaient pas moins en 1784, et que cependant on les a examinés ;

A M. Récamier, que, s'il nie les effets curatifs du magnétisme en accordant ses effets physiologiques, d'autres médecins affirment qu'il est thérapeutique , et peuvent contrebalancer son opinion ; qu'il n'est pas vrai que la présence des incrédules empêche l'action magnétique , puisqu'il atteste lui-même que des expériences faites devant lui, incrédule alors, ont bien réussi.

Il combat enfin les objections tirées par plusieurs membres de la crainte du ridicule et de l'inutilité d'une commission.

« Dans la position où nous sommes, dit-il, divisés d'opinion comme nous paraissons l'être, il est évident que ceux qui veulent l'examen paraîtront ridicules à ceux qui le repoussent, et que ces derniers le seront pour ceux qui le desirent. Il vous est impossible de vous soustraire à cette nécessité, qui, d'un côté comme de l'autre, déverse la risée ou la moquerie sur une partie de cette assemblée. Vous devez la subir tout entière, cette nécessité ; et, dans l'alternative où vous êtes placés, n'étant plus les maîtres de diriger l'opinion du monde savant sur la question qui vous est soumise, il restera à juger si le ridicule doit s'attacher à ceux qui se prononceront pour l'examen d'une question qui a été l'objet constant des études de plusieurs d'entre nous, ou s'il doit frapper ceux qui repousseront ce sujet sans l'avoir étudié. Voilà, messieurs, où est la question du ridicule : car il n'est plus aujourd'hui dans le magnétisme en lui-même. Comme vous l'a dit si judicieusement M. Guersent, il en a été déplacé depuis que des observateurs éclairés et impartiaux, dont personne ne récuse ici les talens, ont pris part à cette longue et importante discussion. Et croyez-vous que personne ne le placera, le ridicule, dans l'incertitude où l'on paraît être ici sur la convenance de livrer le magnétisme à un nouvel examen? »

Pour prouver l'utilité d'une commission permanente, il montre tous les embarras qu'amènerait la création de petites commissions nommées pour chaque mémoire sur le magnétisme, et prouve invinciblement que cette marche serait sans résultats, et ouvrirait une source de discussions interminables :

« Mais, si, au lieu de ces commissions partielles facilement attaquables, vous renvoyez à une grande et spéciale commission l'examen de la proposition de M. Foissac et de tous les mémoires qui vont vous arriver sur le magnétisme, vous placez la section dans la seule attitude qui lui convienne; vous la délivrez de l'éternelle obsession de tous ces prôneurs de miracles magnétiques; vous leur enlevez cette espèce de célébrité qu'ils attendent de la publicité de vos discussions; vous mettez un terme à ces mêmes discussions, dont plusieurs d'entre vous redoutent les effets; vous ménagez votre temps ; et le jugement de cette grande commission, bien autrement imposant que celui de trois commissaires que vous multiplieriez en raison de chaque mémoire, vous présentera, quand elle jugera à propos de le prononcer, une garantie inattaquable et une unité de vue que vous n'obtiendrez jamais de commissaires isolés.

« En dernière analyse, messieurs, vous demande-t-on d'admettre tout ce qu'on vous raconte du magnétisme ? non.

« Vous demande-t-on d'admettre comme démontrées toutes les concessions que nous ont faites nos contradicteurs, le dernier dixième de M. Laennec, les expériences dont M. Récamier vous a dit avoir été le témoin et l'acteur ? non.

« Vous demande-t-on d'admettre comme positifs, même comme probables, les faits publiés par ceux de nos collègues qui se sont spécialement occupés de cette partie de la science ; faits qu'ils vous disent avoir vus vingt fois, cent fois, pendant des semaines, des années entières, sur différens individus ? non.

« Nous vous demandons seulement d'examiner ces faits. Et vous vous refuseriez à ce qui n'exige, ni abandon de vos croyances, ni re-

nonciation à une opinion faite, ni même de sa-
crifice à votre raison! Ignorez-vous, messieurs, qu'un refus d'examen, dans les choses
ordinaires de la vie, est un commencement de
déni de justice, et qu'en fait de science, il n'est
que l'expression d'une aveugle et condamnable
obstination?

« Cet examen que nous vous demandons,
ne le confiez qu'à des esprits sages et mûrs. Que
la commission qui doit s'y livrer se compose
de ceux d'entre nous qui, par leur âge, leur
gravité, leur expérience, le rang qu'ils ont
occupé et qu'ils occupent dans le monde médi-
cal, fournissent une garantie de l'impartialité
de leurs jugemens.

« Faites entrer dans cette commission ceux
qui ont attaqué notre rapport par les objections
les plus fortes; mettez avec eux ceux qui, sans
entrer dans la profondeur de la question, mais
pénétrés de la nécessité de cet examen, ne vous
ont présenté que cette idée.

« Complétez-la, cette commission, en y
appelant ceux qui sont connus par l'étude spéciale qu'ils ont faite de la physiologie et de la
physique.

« N'y admettez aucun de ceux dont les
écrits en faveur du magnétisme pourraient

vous faire craindre une prévention tout-à-fait naturelle.

« Avec tous ces élémens, vous pouvez être certains de ne pas être trompés ; vos alarmes sur la dignité et la considération de l'Académie se dissiperont, et vous attendrez avec confiance le résultat de ces recherches.

« Que cette commission, si sévèrement composée, recueille tous les mémoires qu'on lui présentera, tous les faits qu'on vous communiquera sur le magnétisme ; qu'elle fasse répéter les expériences anciennes, qu'elle en invente de nouvelles, qu'elle s'affranchisse également et de la proscription qui a pesé pendant quarante-deux ans sur le magnétisme, et de la haute importance qu'on voudrait lui donner de nos jours ; que le jugement qu'elle prononcera ne nous soit connu qu'après de longues épreuves, que recouvert de la majesté du temps ; et dès lors, quel qu'il soit, ne doutons pas qu'il ne fixe enfin l'opinion des savans, et qu'il ne vous indique d'une manière positive ce que vous devez craindre et ce que vous devez espérer de cet agent extraordinaire.

« La commission persiste dans sa conclusion. »

Le discours vraiment admirable de M. Husson, que nous ne pouvons reproduire ici que très imparfaitement, produit un véritable enthousiasme ; et, malgré la discipline de l'Académie, de nombreux applaudissemens se font entendre.

On vote par la voie du scrutin. Sur 60 votans, 35 opinent pour la formation de la commission permanente, et 25 contre.

Pendant le dépouillement du scrutin, la plus grande attention et la plus vive anxiété régnaient dans toute l'assemblée : après de si vives discussions, personne ne pouvait prévoir l'issue de la délibération. Certains bruits faisaient même craindre que la proposition ne fût repoussée à une grande majorité. Si elle a été admise, nul doute que l'éloquent discours de M. Husson, dans lequel se trouvaient réunis et l'esprit le plus fin, et l'argumentation la plus serrée, n'ait puissamment contribué à déterminer une majorité favorable ; c'est, du moins, ce qui nous a été assuré par plusieurs membres de l'Académie.

La commission permanente a été nommée dans la séance du mardi, 28 février.

Le bureau, chargé par le réglement de composer les commissions, à moins que plusieurs

membres ne demandent le scrutin secret, propose de nommer onze commisssaires, et en
présente une liste, qui est adoptée sans oppo-
sition. Les commissaires désignés sont :

MM. Leroux.

Bourdois.

Double.

Magendie.

Guersent.

Laennec.

MM. Tillaye.

Marc.

Itard.

Fouquier.

Gueneau de

Mussy.

Les vœux de tous les gens éclairés sont enfin
accomplis. Le magnétisme va être soumis à un
examen impartial ; c'est dire assez que sa cause
est gagnée : car, en matière de faits, il n'y a,
pour le savant comme pour l'ignorant, qu'une
manière de s'instruire, c'est de voir, de regar-
der ; et quand on a vu, qu'on a regardé atten-
tivement, on ne peut, si on est de bonne foi,
récuser le témoignage de ses sens. Aussi le
travail des commissaires consistera beaucoup
moins, comme l'a dit M. Chardel, à constater
les faits qu'à les coordonner et à les expliquer.

Sans doute le jour n'est pas loin où les médecins français, s'occupant enfin sérieusement
des phénomènes du magnétisme, et portant
dans cette recherche la sagacité qui les carac-

térise, élèveront au rang de science des faits observés jusqu'ici avec trop peu de suite et de méthode. Déja, par les discussions solennelles et les déclarations franches qui ont eu lieu à l'Académie, ils ont rendu aux partisans de cette découverte le service de lever l'espèce de proscription prononcée contre eux; bientôt ils rendront à l'humanité entière le service bien autrement important d'ajouter aux moyens d'alléger les maux qui l'accablent.

Nous attendons avec impatience le résultat des travaux de la commission. Sans doute, elle s'empressera de rendre une éclatante justice aux défenseurs du magnétisme, et de réhabiliter la mémoire d'hommes qui ont, par amour pour la science, sacrifié ce qu'ils avaient de plus cher, la réputation. Alors, par un de ces retours d'opinion dont l'histoire des sciences, ainsi que l'histoire civile, offre tant d'exemples, on verra décorer des noms les plus honorables les hommes que l'on avait jusque-là flétris des épithètes les plus injurieuses. Alors on comparera les Mesmer, les Puységur, les Deleuze, aux Galilée, aux Harvey, aux Jenner, et à tous les propagateurs intrépides de grandes vérités utiles au genre humain. Alors on se glorifiera d'avoir cru au magnétisme avec autant d'empressement que l'on a mis jusqu'à ce jour de soin à s'en cacher, et les hommes qui se montraient naguère les plus ardens persécuteurs de cette découverte prétendront peut-être n'avoir ainsi agi que pour en faire briller la vérité d'un plus vif éclat.

Pour nous, nous croirons avoir joué un assez beau rôle au milieu de la grande révolution qui s'opère, si nous contribuons pour quelque chose à préparer la solution de la question, en offrant, comme nous l'avons déja fait, non point des raisonnemens et des théories, mais des faits et des expériences à l'examen des savans.

C'est dans l'intention d'offrir aux sincères amis de la vérité les moyens de s'éclairer et de juger en connaissance de cause, que, pendant les discussions de l'Académie de Médecine, j'ai successivement adressé trois lettres à la section.

Dans la première (19 décembre 1825), « je propose de lui soumettre un sujet qui éprouve au plus haut degré les effets du magnétisme, et qui présente, dans un grand développement, les phénomènes du somnambulisme. » Dans la deuxième (26 décembre), « j'offre de magnétiser devant l'Académie des individus malades qu'elle choisira elle-même. » Dans la troisième (16 janvier 1826), je fais hommage à l'Académie de la deuxième édition des Expériences que j'ai faites à l'Hôtel-Dieu ; et, pensant que l'incrédulité des médecins ne peut être entièrement vaincue que par la vue d'effets produits par eux-mêmes, « je propose d'indiquer à ceux qui le désireront les moyens de magnétiser avec succès, et de leur donner tous les renseignemens qu'ils jugeront convenables. »

Le 18 janvier, j'ai reçu de M. le secrétaire perpétuel de l'Académie la réponse suivante conçue dans les termes les plus obligeans :

« Monsieur,

« L'Académie royale de Médecine a reçu
« deux exemplaires de l'ouvrage que vous ve-
« nez de publier sur le magnétisme animal ;
« elle vous remercie de cet hommage et des
« propositions que vous avez la bonté de lui
« faire dans l'intérêt de la cause que vous dé-
« fendez avec tant de talent et de bonne foi.
« Votre lettre (la troisième) a déja été lue en
« conseil d'administration ; elle le sera pareille-
« ment devant tous les membres de l'Acadé-
« mie, selon votre desir. Vous dire si vos offres

« seront acceptées, je ne le puis avant la clô-
« ture de la discussion sur l'importante ques-
« tion qui nous occupe.

« E. PARISET. »

Comme le faisait présager cette lettre, mes propositions, ainsi que plusieurs autres du même genre, ont été ajournées à l'époque où il serait décidé si l'Académie s'occuperait du magnétisme, pour être remises à la disposition de la commission.

Pensant néanmoins qu'il serait utile de faire voir les effets du magnétisme pendant la discussion même à quelques savans et à quelques membres de l'Académie, afin de les disposer à voter pour l'examen, j'ai invité plusieurs d'entre eux à assister à des expériences que je devais faire chez M. Bouillet, le 26 janvier.

Plusieurs se sont rendus à cette invitation. Dans leur nombre, j'ai remarqué MM. Ampère, Adelon, Ribes père et fils, Fresnel.

Le somnambule que je leur ai montré, M. Petit, d'Athis, sur la route de Fontainebleau, que j'avais, quelques années auparavant, guéri par le magnétisme de plusieurs dépôts (Voyez les *Annales du Magnétisme*), leur a offert une susceptibilité magnétique et une lucidité qui ont pu quelquefois paraître extraordinaires, mais qui l'eussent été bien plus encore, si j'eusse cultivé plus assidument ces singulières dispositions. (Il y avait un an que je ne l'avais magnétisé.)

Endormi en quelques minutes, il sentait, les yeux exactement fermés et couverts d'un corps opaque, la présence de mon doigt, à quelques pouces de distance, et éprouvait constamment, par l'effet de la concentration de l'action magnétique sur un point, des contractions très violentes. On plaça devant lui plusieurs jetons, dont un, choisi par un des expérimentateurs, avait été touché par moi sans que je le visse; il le reconnaissait ordinairement. A la fin cependant il se trompa, mais en désignant des jetons qui avaient été touchés précédemment; la même expérience n'avait pas aussi bien réussi avec des pièces de cinq francs. De deux verres d'eau, dont un était magnétisé, il prit celui-ci sans hésiter. On voulut le faire lire; mais il ne parvint qu'avec beaucoup de peine à déchiffrer quelques mots.

Après l'avoir éveillé, je le rendormis une deuxième fois, sur l'invitation de quelques assistans, d'un bout du salon à l'autre, lui me tournant le dos, et causant avec une personne de la société, sans être en rien prévenu de mon action. Dans ce deuxième sommeil, il joua à l'écarté successivement avec M. Adelon et M. Ampère; deux personnes tenaient une lumière auprès de chacun de ses yeux, pour s'assurer qu'ils étaient exactement fermés. Il lui arriva par momens de reconnaître les couleurs des cartes retournées; mais il s'y trompa aussi plusieurs fois, surtout quand il voulait trop se presser. Enfin il vit plusieurs fois l'heure à une montre retournée, quoiqu'on dérangeât exprès les aiguilles.

Je suis prêt, comme je l'ai annoncé, à reproduire ces phénomènes et beaucoup d'autres du même genre devant la commission, si elle consent à accepter mes offres. Mais ce que je desire surtout, et ce qui sera le plus concluant, c'est qu'on fasse des expériences dans des hospices, sur des sujets choisis par les commissaires. Plusieurs médecins de ces établissemens paraissent y être disposés, et M. Bally m'a donné lui-même l'assurance de me procurer les moyens d'en entreprendre à la Pitié, dont il est le médecin en chef.

FIN.

www.ingramcontent.com/pod-product-compliance
Ingram Content Group UK Ltd.
Pitfield, Milton Keynes, MK11 3LW, UK
UKHW022231080726
13614UKWH00007B/383